U0066024

情熱書店

史上最偏心！書店店員的東京獨立書店一手訪談

池內佑介——著

各界推薦

《書店不死》作者石橋毅史真誠推薦

ここに登場する本屋は、神聖で俗っぽい。

本に対して惜しみなく愛情を注いでいるが、儲けを狙っている。本に囲まれながら穏やかに振る舞うが、心中は激しく葛藤している。信念をもって社会と向き合っているが、ただ我儘に生きているようにも見える。個性的だけど、街のあちこちにいそうでもある。

作者は、本屋に憧れ、共感し、ときには嫉妬までしながら、いっぽうで店の収益や将来性を冷静に分析している。インタビューを通じて、パブリックコメントではなく「声なき声」を聴きとろうとしている。

登場人物が魅力的な理由は、作者が極私的な目と耳と心で、自由自在に本屋を味わっているからだと思う。新型コロナが収束したら、僕も本屋巡りを再開しよう。

這裡登場的書店，既神聖，又世俗。

他們不惜為書傾注情感，同時不忘盈利；他們在書的圍繞下看似處世安穩，內心卻激盪、糾葛；他們面對社會時秉持著信念，卻又好像只是活得任性、自我而已。他們個性獨特，但在街上又似乎隨處可見。

作者對書店滿懷憧憬、共鳴，有時甚至嫉妒著書店，同時冷靜地分析每一間書店的收益能力與未來發展。作者試圖透過訪談傾聽的，不是「公開聲明」，而是店主們發出的「沉默心聲」。

我認為，書中介紹的人物之所以如此有魅力，是因為作者用極其私密的眼睛、耳朵與心靈，自由自在地品嚐書店之故。待新冠肺炎疫情過後，我也重新開始逛書店吧。

——《書店不死》作者／石橋毅史（Takefumi ISHIBASHI）

全臺各地獨立書店書人聯手推薦（依姓名筆畫排序）

這次拜讀了池內先生新書裡的採訪報導後，對 Madosora 堂這家書店特別有感覺。店主雖然是從完全外行的立場開始經營書店，但就因外行人才擁有的嶄新觀點，再活用藝術工作的相關經驗，以獨特的方法營運至今，即使可能脫離書店常規，仍秉持「Give & Give」一再付出的精神，在不斷地摸索試誤中，確立了現今書店的風格。我們的書店也是創辦自外行人的天真，所以閱讀池內先生的書稿時，深深覺得可以學習的地方好多呀！

本書介紹的每一家書店，擁有各自的特色，無懼外界的批判而貫徹自己的信念一路努力下去。我認爲這些書店主人他們的熱情，確實地傳達到人群中。其中溫度最火熱的絕對是，這樣熱心地將各種繽紛有趣的獨立書店宣揚到社會上的，池內先生本身熾烈的情感，也透過文章深切地接收到了。身爲書店店員，同時也是支持實體書店的一介讀者，我眞心覺得受教了。

——貿易風書旅店長／本多繁之（Shigeyuki HONDA）

閱讀本書，像是親眼看著佑介先生從口袋裡拿出一袋漂亮的彈珠，然後從裡面挑出最寶貝的十顆彈珠，用閃閃發亮的眼神，以著熱切的語調，既主觀又眞誠地表現「我覺得這幾間書店眞的很棒！」的感受，分享他對這些書店、店主的認識與了解，讓人不只被他眼中映照出的每一間書店光芒深深吸引，更能看見不同的書店光芒相互投射後產生的瑰麗小宇宙。

——花蓮孩好書屋／江珮瑾

即便已經讀過不少介紹日本書店的書，但每次有新書出版，仍然令人期待，畢竟每一位書店愛好者視角中值得推薦的店不盡相同，這顯示出日本實體書店的活力與多元，各自的存在有其意義。

作爲一名資深的書店觀察員與從業人員，池內先生的書寫多了一份同理心，他游移在營運者與讀者兩種身分中。深諳在當代經營實體書店之困難的他，對於每一位前行者懷有敬佩之意；同時他在訪問段落內亦不時跳出訪／被訪的關係，以普通讀者之姿反思每一間店與現代生活的連結。這十間書店的經營核心與作法，在在彰顯出書店爲街區帶來影響的可能，店主踏踏實實地在心中放入關懷的對象，則書店不再僅是交易的場合，而是每一種理想生活在實踐過程中，不可或缺的停泊港灣，或引向羅盤。

——或者書店店長／李芮君

池內先生帶你一起推開東京多間獨立書店的大門，透過文字感受著每間書店所想傳遞的溫暖及熱情！

——繫。本屋／余庭

字裡行間，池內佑介比書店老闆還熱愛書店！相較於越來越多人僅憑一次造訪店家，就能大言不慚，留下長篇大論的Google商家評論，池內佑介的訪談有一個特色，幾乎所有書店都不是他僅一次走馬看花而寫下的採訪。對書店的情感越深厚，文字越跟著經營者一起走過那些幽谷與死蔭，池內佑介大方幫書店老闆說出那些不好說的心情，讀來眞的很暢快。

書店的渺小，存在意義日漸薄弱，與在地連結越來越低，必然如各種小商店一般，遲早被追求便利與便宜的生活模式所淘汰。但是，社區書店的未來，在經營者眼中有太多可能性了，這本書中十種不同態度的書店人生，既像不同的人生階段，更像不同的生活形態實現，希望讀者們可以在書中找到自由與寬闊的生活選擇，這也是我所期盼書店帶給人的價值。

——竹北月讀書咖／邱月亭

池內先生以開一家理想書店的念想奠基，探訪東京十家深具特色不流俗的書店，從中得到熱愛書的書店老闆的巨大力量，也將會是讀者們在日常得到能量的最佳選擇。

——新星巷弄書屋／芸芳

這本書讓我想起約兩年前，我對開書店有著怦然心動的憧憬，卻還不知道要如何著手時，唯一想到的就是到臺灣各地的獨立書店拜訪，並寫下觀察筆記與心得。然而不同的是，池內先生訪談這十間獨立書店的細緻與密度，已經像是一份質化研究的深入。

池內先生並非以旁觀者角度或試圖呈現某種客觀的介紹，而是讓自己深刻地進入這些書店的故事中。這些書店不一定是受大眾歌頌或所謂成功的書店，但卻真真實實地在池內先生心中占有一席之地，理由也許很簡單也不浪漫，或也沒有什麼原因，就是非常誠實與誠懇地寫出了他與書店的情感。讀完每一篇文章，除了書店，也更認識了池內先生本人，而且越到後面越讓我感動，他說出了每個愛書店的人內心真正的話。

——起點書房店長／林梵音

與本書作者池內佑介先生認識數年，他曾爲我介紹東京的獨立書店，印象深刻的就是中央本線幾個車站所串連的一條帶狀書店路線，尤其是高圓寺、荻窪、西荻窪、吉祥寺、三鷹、小金井一帶。可以說，拜池內先生所賜，喜歡這條路線要遠多於極負盛名的書街神保町。

作者熱愛書店、以在書店工作多年的身分來寫這本書，比起像是旅遊導覽的書店介紹書來說，池內先生這本書更是精準直達各書店核心理念、挖掘出各書店精神所在，可以說《情熱書店》是日本獨立書店近年來重要的聲音。例如說，在〈Madosora堂〉一文中，提到「社區書店的未來是由書店與利用它的社區居民雙方的努力而打造的，而不應該將所有責任推給書店的經營能力」、藤子文庫店主鈴木先生提到的「某種無法以損益來衡量的使命感一直推動我堅持走這條路」，的確如此啊！

看完《情熱書店》興起了志同道合的共鳴。千里之外，有那麼多書店與我有共鳴，眞是太好了。

——南崁小書店店主、《停下來的書店》作者／夏琳

「社區書店的未來是由書店和利用它的社區居民雙方的努力而打造的，而不應該將所有責任推給書店的經

營能力」、「反正在書業走哪一條路生活都會很辛苦，那就盡量做自己想做的事吧！」、「從店裡的書感受到的，對市民社會的關懷、對社會中存在的種種不公平與不正義發出聲音的意志、爲了以書來改善社會而不間斷地付出微薄之力的覺悟」……從《情熱書店》這本書中，可感受到巨大能量與共同的語言，那就是「熱情」。書中介紹的每一家書店，會讓你不辭千里想要造訪，裡面的職人精神，讓同爲書店經營者的我心有戚戚焉。也許時代洪流下，書店有被淘汰的一天，但無論如何，書店精神不死，《情熱書店》用詳實又精準的筆，刻畫著書店經營者所走過，滴水穿石的痕跡。

——無論如河／梁秀眉

在這本書中，看到自己當初開書店的初衷，以及同樣對書無可救藥的情熱。池內先生敏感細膩的人格特質，讀出每家書店最珍貴的核心所在！

——勇氣書房／陳秀蘭

「為什麼開書店」以及「書店的理想狀態是什麼」，像是樹木年輪般的自問，若在開書店一年後、五年後、十年後、十五年後都問一次，並將它們寫下來，一定很有趣。《情熱書店》用私心和耐心，以時間醞釀出十位書店店主，他們在書店經營心路歷程中細微且複雜的變化，為了在日漸艱難的書市環境裡存活下來，所做的各種嘗試和誠實的堅持。池內佑介先生將十間獨立書店的感動完全傳達到這本書裡，而環環相扣的感情也激勵了身在臺灣的書店人，每當灰心沮喪的時候，仍要相信書店是被需要的存在，就像《排球少年》總是向上看著排球喊著：「我來！」讀完本書之後，更有力量再繼續戰鬥！

——梓書房／曾淯慈、蔡佳真

作者走訪了許多各式的小書店，在他筆下撰寫的書店閱讀起來跟一般坊間介紹書店的書籍不太一樣；他不是用經營的角度來看這些書店，而是從類似書店創辦人的朋友觀點來談每一間小書店，這樣對於書店的描述有了更深一層人文的內涵。

站在同樣是書店老闆的角度來看這本書有一種不同的感受，彷彿是同溫層的感覺；在臺灣經營書店不易，在日本何嘗不是如此！當你看到外國的情況再回頭想想自己的現況，其實也只能說是選擇一條自己想要走的路，無關乎別人的看法，既然是自己決定的道路就是義無反顧的一直往前走下去就對了。

書中所有小書店的老闆們，都選擇了自己的生活方式，臺灣所有的獨立書店也一樣繼續地走下去吧。

——關西石店子69有機書店創辦人／盧文鈞

各界推薦

目錄

獨立書店裡面

推薦文

內向書店店員眼中的「搭橋者」、「獨特性」和左派社會改革意識之獨立書店樣貌

文／李令儀，臺大社會系專案助理教授

第一次見到池內先生，是在六年前（二〇一五年）的一個夏夜。當時他趁來臺灣旅行之際，應小小書房虹風店主之邀，到店裡和讀者分享他探訪各地獨立書店的見聞及書市觀察。對池內先生的第一印象，當然是他說著一口流暢的中文。雖然之前已拜讀過他以中文寫的文章，典雅流麗，文筆和觀點都讓人驚艷；但是看到一個外國人手上沒拿文稿，直接就著簡報檔對滿座的讀者侃侃而談，不免還是對他的口語表達之好感到驚訝。

然而，池內先生並不是那種享受眾人目光、口才便給的外向人；從他靦腆的笑容、拘謹的手勢，偶爾以不擅言辭自嘲，可感受到他是內心敏感、自認溝通能力不佳的個性。但是典型的內向者如他，並未選擇躲在安靜安全的「書」適圈，而是克服自己的社交不耐症，積極探訪東亞各地的

書店（這本書的緣起，就是來自於池內先生參加小小書房活動開啟的交流）。遇到心儀的書店，更主動邀訪店主，談書、談書店、談書店經營，整理發表，與日文圈和華文圈的書友分享。如果不是對書店有愛，內向者如他，不會成爲今天的搭橋者，努力向各地讀友推介有個性的獨立書店。這本《情熱書店：史上最偏心！書店店員的東京獨立書店一手訪談》，從書名到內文，都傳遞了外冷內熱的他，對書店的熱情熱心。

書中介紹的十家書店，可說是池內先生以東京的神保町爲圓心，向外輻射到近郊的羽村市和山梨縣的甲府市，以介紹私房景點般的心情，與讀者分享他精選的愛店。雖然和池內先生只有一面之緣，但是讀完他在書中導覽的書店後，卻感受到，這些書店彷彿展現了他性格中不同的面向，分別是「搭橋者」、「獨特性」和左派的社會改革意識。

第一類具有橋梁精神的書店，包括神保町的韓文書店CHEKCCORI、國分寺的Madosora堂、認眞經營讀書會的古書店CLARISBOOKS等，店主們在向池內先生談起創店初衷時，都傳達了類似的想法：希望以書爲媒介，創造人與人之間「交流、連結的空間」。他們將書店打造成跨接書和人、人和人關係的橋梁，正好和池內先生「搭橋者」的角色不謀而合。

書中導覽的另一類書店，則是選書獨樹一幟的主題書店，例如由「農山漁村文化協會」所經營的農業書中心、由街舞老師開設的繪本書店MAIN TENT，還有向藤子不二雄致敬、具現「昭和時代精神」的舊書店藤子文庫。這幾家書店，有的是主題特殊的專業書店，有的則是店主個性鮮明且執著，而且反映在他們的創業和經營上，每一家都是風格獨一無二的獨立書店。

第三類則是關心社會議題的左派書店，如模索舍、Maimaizu文庫、水中書店，還有書與咖啡CAPYBARA等。這幾家書店的選書都帶著反戰色彩、具有強烈社會關懷或性別意識，不吝於引介冷門的人文社科類書籍。這反映了喜好文學、具有文青氣質的池內先生，骨子裡仍是具有社會批判力道的憤怒青年，相信若不是懷抱著社會改革意識，不會對這些選書偏向冷硬派的書店氣味相投。

這十家書店中，讓我印象深刻且大為感佩者，首推韓文書店CHEKCCORI。來自韓國的店主金承福，原本從事網頁設計和翻譯工作，懷著滿腔熱誠想推介精彩的韓國文學作品到日本，卻被日本書業冷淡以對，她乾脆自己做出版，創業作就是後來榮獲曼布克獎的韓江的《素食者》，可見她選書眼光絕佳。出了十幾本書後，爲了進一步和讀者交流，她又以不懈的執行力開了這家書店。不僅如此，爲了引介日本的經典文學作品回韓國，她又在母國開了一家出版社，主推日本書；甚至還動念扮演經銷商的角色，替日本各地的韓文書店一起找書訂書。這一連串行動，都顯示她對打造日韓交流平臺不遺餘力。

另一家性格鮮明的特殊書店，則是池內先生眼中極左、甚至被雜誌選入「危險書店」的模索舍。模索舍成立於日本學運由盛轉衰的一九七〇年代，最初自我定位爲「獨立刊物的銷售基地」，販售早期稱爲Minicomi、晚近頗爲風行的ZINE一類的小衆刊物。當初開店的緣由，即起因於自己編寫的刊物到處碰壁而差點無法發行的經驗，因而創社至今，一直堅守無條件尊重言論自由的「無審查」原則，不會以內容逾越尺度爲由拒絕任何一本刊物。由於定位和立場都極爲特殊，店內除了大量刊物外，也陳列一般書店少見的非主流議題書，隱隱然替熱度不再的日本社運，留下餘燼中的微弱星火。有趣的是，店裡還有一批特別的「常客」，是疑似日本情治單位的情蒐人員，大概是爲了監控左派勢力的動向，不時會出現在店裡，爲的是將各式社運團體的機關報「一網打盡」。即使今天日本的這些異議團體已不再活躍，他們仍繼續光顧模索舍。

然而，眼看日本的學運社運組織欲振乏力，加以圖書產業面臨的種種挑戰，老牌獨立書店如模索舍，終究成爲一艘逐漸下沉的船，僅能在書業之海中，以打「後退戰」的精神奮力泅泳，盡量延緩下沉的速度。

模索舍經營者口中所謂的「後退戰」，指的是在書市不振的環境下，盡可能彰顯實體書店在社會上存在的價值。在整體產業環境逐漸走下坡的趨勢下，面臨經營危機的不只模索舍，書中介紹的另一家書店 Maimaizu 文庫也在二〇一九年歇業。因愛書而踏入這一行的店主們，連同池內先生本人，儘管對書店有滿腔理想和抱負，也必須直視眼前日漸悲觀的前景。

如果日本書市眞如池內先生筆下所形容，是艘長年承載無數書店店員的大船，那麼，當船身緩緩下沉時，船上的乘客，是該早早下船，還是盡力挽救，避免大船沒頂？在池內先生和其他店主的對話中，不時浮現類似的提問，這也是身爲書店店員、並始終懷抱著開店夢想的他，在書中反覆提出的自我詰問。

讓日本書市之船載浮載沉，必須辛苦迎戰的一波波大浪，包括經濟泡沫化後的景氣低迷，整體零售業營收不振，書店也不例外；再加上來自網路電商的威脅，讀者的購書習慣逐漸轉移到電商通路，也讓實體書店的業績不斷下滑。然而這些因素衝擊到的不單單只有日本圖書產業，包括臺灣在內，全球的實體書店和紙本出版業都很難倖免於如此大浪的淘洗。相形之下，受到圖書「再販制度」（相當於圖書定價制）規範的日本書業，還多了一層保護傘，讓獨立書店能免於受到「折扣戰」的砲火波及。

再販制，指的是規範日本出版品的「再販賣價格維持制度」，是從二次大戰前的「不二價」制度演變而來，主要是指由出版社訂定書價，書店通路無權漲價或打折，只能按定價銷售的制度。在這個制度的規範下，書店通路不能任意哄抬書價，或是透過削價競爭貶損書的價値。池內先生就曾在小小書房／小寫出版的獨立刊物《本本》閱讀誌中，撰文討論過再販制對日本實體書店的正面助益[1]。

日本書業由於有再販制的約束，書店通路不得自行打折，有議價能力的大通路不會動輒以大量進書壓低進貨價格，再以折扣優惠取得價格競爭的優勢，讓偏遠書店、獨立書店無力還擊。儘管日本亞馬遜（Amazon Japan）曾野心勃勃推出10%積點回饋、季節折扣購書等促銷手段，數度挑戰「再販制」，日本產業內部也有重新檢討這一制度的聲浪，但無可諱言，再販制維繫了不同規模書店之間的公平競爭，也替偏遠書店和小書店保留了生機，讓他們得以維持各自的風格和特性。這樣的制度條件，也讓書中這些風格迴異的書店得以保有立足之地，展現出多樣的文化風景。

相形之下，書市折扣戰越演越烈的臺灣，小書店的生存條件更加艱難。雖然從二〇一〇年前後以來，臺灣書業中有關制訂「圖書定價制」（現已更名爲「新書售價規範」）的倡議已喊了十餘年，但至今產業界仍無法達到共識，政府也無法大刀闊斧推動政策。如今僅能眼看不同的大通路以各種名目祭出低折扣，甚至動輒低於小書店的進貨折扣，不但小書店幾乎無招架之力，長遠下來更可能造成讀者的「折扣疲乏」，只要折扣不夠低，就欠缺買書的動力。這個趨勢，對產業的健康和市場的健全而言，都極具殺傷力。我們在欣羨並嚮往日本的書店風景之餘，也不應遺漏相關的制度反思。

近幾年來，以日本書店爲主題的書，在臺灣書市似乎已構成一個跨出版社的小書系，包括《書店不死》、《東京本屋紀事 Tokyo's Constant Booksellers》、《書店不屈宣言》、《一個人開書店：那霸市場裡的烏拉拉》、《神保町書肆街考：世界第一古書聖地誕生至今的歷史風華》等，都在書業中引發不小回響，也召喚了不少讀者的感動之情。池內先生的《情熱書店》和「前輩」們相比，非但不會遜色，更多了幾分「書人寫書店」的趣味，更何況他是直接以中文書寫，更多了一份情眞意切。

1〈日本書市的結構性問題：「再販制」與「委託制」　新型態出版社的革命：MISHIMA 社的嘗試〉，《本本》閱讀誌第一期，二〇一四年一月發行；〈圖書定價制是拯救書店萬能藥嗎？再談日本「再販制」與書市變化〉，《本本》閱讀誌第四期，二〇一四年七月發行。

身爲神保町中文書店的資深店員，再加上一直心心念念開一家自己的書店，池內先生在逛書店時，多了一層同行較量的專業眼光。例如他會細細說明每家店陳列書的邏輯、選書的風格，如何安排和呈現秀面，並藉此向店主提問，對話；他並在書中提出「做書架」（棚作り）的概念，作爲每個書人展現自己陳列哲學的技藝凝鍊。這種書人之間的高手過招，也是曾爲書店工讀生的我，讀來饒富興味的段落。

二〇二〇年，因爲COVID-19疫情肆虐全球，許多國家被迫採行停班停課、居家隔離等封鎖措施，日本實體書店和世界各地的同業一樣，都面臨了被迫暫停營業或無生意可做的窘迫處境。在日本發布「緊急事態宣言」後，池內先生對書中的幾家愛店，既是關心也相當擔心，並希望以行動支持店主們度過難關。沒想到，在探訪幾家書店後，他發現有書店因爲轉營網購而業績成長；持續營業的書店，也有童書和繪本大爲暢銷的情況（因爲這些書成了家長陪不能上學的子女在家共讀的讀物）；CHEKCCORI書店在危機中仍未擱置推動兩國文化交流的使命，快手快腳推出兩本韓國抗疫的紀實書；模索舍則是發起帶有反諷意味的行動方案，以蒐集「安倍口罩」轉送弱勢團體的方式，一方面諷刺政府軟弱無力的口罩政策，另方面則照顧到無家者和弱勢的勞動者。池內先生說，透過這段時間的觀察，他看到獨立書店在非常時期的表現一點都不脆弱無力，反而展現出韌性、活力和創意。

雖然在紙本書面臨巨大挑戰的廿一世紀，書業的前景不容樂觀，但是，即使帶著淡淡的不安，細讀池內先生懷著愛意寫下的書店剪影，得到更多的是療癒之感。池內先生貼心為每家店附上如新書推薦書卡般的簡介資訊，並羅列臉書、推特、部落格網址等書店自家的社群平臺帳號，讀著池內先生娓娓道來的書店故事，我不時好奇連上網逛逛書店的臉書粉絲頁和部落格，似乎也得到了臥遊書店的趣味。但相信讀者都和我一樣，最希望的當然是疫情盡快得到控制，待國境重新自由開放後，能夠親自一一走訪這些富有人情味或個性十足的獨立書店。

推薦文

一個書店店員的街區書店朝聖之旅

文／虹風（沙貓貓），小小書房店主、小寫出版總編

距今約十多年的某個晚上，在小小2.0[1]舉辦了一場名爲「華文文壇新力量」的書友會[2]。圍坐在咖啡區拼成的大方桌前，連同講者大約十多人，講者分享完之後，我們請前來的讀者，一一分享爲何會想要來參加這場書友會——這在小小其實並不常見。有時候講者分享完，若無人提問，活動就會結束。要請前來的讀者分享，需要根據現場的狀況：譬如，活動的類型比較聚焦，屬於特定讀者才會參與的；或者，參加的人不太多，我們有足夠時間讓大家都說說話。剛好這一晚，皆符合這兩個條件。

這個座談，是由於寶瓶文化一口氣推出了六個華文新作家的作品，彼時他們在文壇都是新面孔，一般讀者對他們不太熟悉，基於推廣新人的立場，我們邀請了其中三位來到現場與讀者談談他們

的創作歷程。報名的讀者裡，出現了一位日本朋友的名字，我當時很好奇，他會不會聽不懂分享的內容。輪到他分享時，一開口讓我嚇一大跳。他一口流利的中文，令我感到最初的擔憂不僅是多餘的，也犯了預設立場這樣的謬誤，內心感到很抱歉，也覺得很羞恥。

這是池內佑介先生與小小書房初識的經過。過了大約一年，收到他遠從日本寄來的明信片，那種被記住的感覺，讓開業不過四年的自己，受到很大的鼓舞。後來認識他更多之後，我們得知他在神保町的中文書店「東方書店」工作，曾經在中俄邊境區的一間專科學校教授日文，因此他的中文程度相當好（雖然每次提到這件事他都會極力否認）。他喜歡逛獨立書店，對於現當代華文文學、東亞文化以及社會議題都相當關注，拜他中文優異之賜，池內先生算是我們第一個認識、能夠就日臺書業狀況進行交流的業內人士。

---

1 小小書房曾經搬遷過兩次，書友將不同時期的店以小小1.0、小小2.0代稱，目前是小小3.0。

2 二〇一〇年，十一月二十日，「你還不認識他們嗎？——華文文壇新力量之神小風、朱宥勳、徐嘉澤書友會」，活動網址：https://reurl.cc/5rDZ5y

二〇一三年年底，小小書房的出版品牌小寫出版，決定創辦一本紙本閱讀誌，名爲《本本》（二〇一四年一月創刊），當時有一個「國際書店」的專欄，是想要請熟悉國際書市、或者就在海外的寫手，爲我們撰寫該地書店、或者書業相關的報導。日本是離我們最近的出版大國之一，當時就想到了池內先生，便向他邀稿，後來陸續促成了第一手日本獨立書店訪談，以及兩篇特別聚焦於日本圖書定價制度（日本稱爲「再販制」）的報導。後來《本本》停刊，想到之後可能再也讀不到池內先生的書店報導，倍覺悵然，因而二〇一五年，我向他提出撰寫日本獨立書店的邀書企劃，也就是來到讀者手中這本書的起因。

一開始他提出的訪問書店名單將近四十家，除了位於東京都的書店之外，亦有散落於千葉、鳥取、岩手、岡山、宮城、山形縣的獨立書店。這份書店拜訪名單，不僅讓我感動，也令我肅然起敬。

前往一地旅行，每個人的目的不同，有人被風景吸引，有人爲美食不遠千里，但單單爲了一間書店前往該地，這樣的人恐怕不多。從同爲獨立書店愛好者的角度來理解這份名單，我能夠想像，擬著名單時的池內先生，想必是激動、幸福、惶惑又抱持著期待的；然而，讀者爲了一間書店長途跋涉、歷經困難而至，聽起來彷若朝聖的路途，終究是浪漫的想像——開了書店之後，我得以明白，在紙本閱讀、購買持續消退的時代，實體書店營生是日日艱難的戰鬥。況且，多數的小型書店其實是更貼近於社區的存在，而非爲了遠方的旅人。看著名單，我的腦內小劇場也進行著各種擔憂劇碼，譬如：一向自信心不強的池內先生，倘若抱持著熱情、犧牲假期，舟車勞頓地前往遙遠的書店拜訪，會不會因爲各種想像不符被打擊而無法動筆？

冷靜一些之後，從書店店主的角度來理解這份名單，我也能夠想像，每間書店開業的理由雖然不盡相同，但要能夠吸引讀者遠從他方來拜訪，不僅是讀者要有朝聖般的熱情，書店本身，也必須存有令讀者不遠千里的吸引力；再更審愼評估，考量到池內先生的上班族身分，休假有限，加上他對於寫作的嚴謹態度，若要完成原初名單上的拜訪及撰稿，恐怕成書已經（不只）是十年後之事。因此，我們決定建議先以東京都的書店爲第一波的報導對象。

池內先生向來是個虛心、能夠妥善聆聽，並且接受建議的作者。

每隔一陣子讀到池內先生陸續寄來的稿件時，便越加堅定出版這本書乃是我們的職責所在：存在於街區的書店，在這個網路時代，有其存在的共同困境，亦有各自面臨的艱難。身爲書店同業，出版這些書店的故事，是對於這些街區書店的致敬，也是對於長久支持這些獨立書店存在的讀者們的致敬。

這些街區書店多數位於東京都電車路線可達之處，讀者雖然不用千里跋涉，但「朝聖」的感覺，經常會伴隨著池內先生要前往書店拜訪的畫面浮現——使得讀者我，也經常在內心湧溢著激動、期待，以及——套句池內先生常用的詞：戀愛，那樣的粉紅色幸福之感。

更特別的是，這是一本池內先生以「全中文」寫作的書。當初收到稿件時，池內先生一如往常地請我們不用客氣、可以隨意修改他的任何文句。進入編校流程時，我們被他特殊的語氣與文法所吸引，因此，決定採取「最低限」的修改法。亦即，編輯部僅針對通用字詞、錯字等處進行修改，絕大部分的文句與節奏，保留池內先生的風格，因此，我相信進入閱讀這本書的中文讀者，肯定可以感受到來自於不同文化之中文使用者的特殊魅力。

這是一個書店店員的街區書店朝聖之旅，旅程裡盈溢著對於獨立書店的熱情、專業的審視與偏愛

——這份愛，我們希望能夠妥善地傳遞給臺灣各地的讀者們。

自序

文／池內佑介

我寫這篇自序前，忽然想，自己第一次拜訪小小書房是什麼時候？查一下便發現，竟然是十一年前的事。二〇一〇年九月，於神保町的中文書店工作已經兩年的我，以逛書店爲目的去了一趟臺北。我出發前先研究一下臺北有什麼好書店，覺得有一家書店絕不可以錯過。那一家就是位於永和的小小書房。

我抵達臺北的第一天，從松山機場坐捷運直接到小小書房，晚上順便參加店裡舉辦的一場書友會。那天在店裡所看到的書和所遇到的人都在我心中留下了非常深刻的印象。從此以後，我透過臉書跟店主虹風和一些店員保持聯繫，並每次有機會去臺北時，盡量拜訪小小書房買書。

二〇一五年九月六日，我受虹風的邀請，以主講者的身分參加在小小書房舉行的講座，用破破的中文向臺灣的愛書人們談談日本書市的現況，並介紹一些自己所喜愛的日本獨立書店。講座結束後，我留在店裡與虹風喝著啤酒聊一聊。她問我說：「你有沒有興趣寫一本介紹日本獨立書店的書，並讓它在小寫出版發行？」我先猶豫了一下，腦海中浮現「不可能……」三個字，但再想一想，覺得至少可以試試看。於是我回日本後，聯絡東京國分寺的一家舊書店Madosora堂，進行採訪，接著寫稿。

二〇一六年三月，我和虹風、當時的責任編輯游任道在小小書房開會。他們針對那一篇我寫Madosora堂的文章提出一些很尖銳的意見和建議，讓我感到欣慰，但同時切實地認識到自己寫作能力的不足，而難免有一股微微的失落感。無論是用日文還是中文，寫作帶給我的痛苦總是比快樂更多。我沒辦法相信自己費大量時間和力氣寫出來的東西値得給大家看。我澈底明白自己不是寫作的料。儘管如此，我還是以極其緩慢的速度繼續採訪，寫出了十篇文章。我現在想，能夠堅持下去的理由歸根結柢不是因爲信賴自己的能力，而是覺得那些獨立書店店主們在採訪中跟我說的話實在太有趣，値得跟廣泛讀者分享，不應該以寫得不好爲藉口而把他們的聲音永遠藏在自己心中。

這本書介紹日本的十家獨立書店，其中九家在東京，一家則在山梨縣甲府市。每一家的營業形態，選書風格，理念都不同，呈現出日本書市的複雜性和多樣性。譬如裡面有農業書專門書店，韓文書店，竭力推廣詩歌的舊書店，很有無政府／左派色彩的書店等。書店店主們所談的範圍也相當廣泛。他們不僅講述自家書店的歷史和營業狀態，也談及自己的閱讀人生、思想上受過影響的作家和書，甚至偶爾對日本書市的目前狀況提出自己的看法。

對活在當下的我們來說，這本書裡面的大部分內容也許沒那麼特別。不過我忍不住想像，假如五十年後一位二十幾歲的年輕人偶然拿到這本書，重新了解五十年前的日本書人對紙本書和實體書店持有的態度和感情，將有什麼樣的感想？

我當然眞切希望五十年後日本還有很多各式各樣的實體書店，但也有可能，到時候實體書店變成很稀奇的存在，看紙本書也變成充滿懷古趣味的行爲。我們愛書人現在所擁有的一切不是理所當然，而是很脆弱的。我這麼想就更加相信，此刻將那些書店的故事、店主的想法、心境都好好記錄下來是一份具有歷史意義的工作。啊，我好像說得太誇張了……。總之，至於讀者如何看待這本書，我不敢有太高的期望。你在翻閱的過程中遇到的某句話，哪怕僅有一句，若能夠長久留在你的心底，我就已經心滿意足了。

最後我想談一下日本實體書店自二〇一九年年底以來，在COVID-19疫情中遭遇的狀況。現在（二〇二一年四月）日本的疫情還是相當嚴重。每天的全國確診人數通常達到三千以上。大家因爲擔心被感染而待在家裡的時間增長，出門次數則減少，移動範圍也縮小。這種局面對實體書店的客人數量當然產生負面作用。我所工作的書店也不例外。目前神保町的店鋪已經正常營業，但業績還遠不如前一年同時期的水準。其他實體書店的處境也應該差不多。那些由於疫情不敢常來我們書店的客人也許現在更積極地利用網路書店。若眞是如此，我就忍不住想亞馬遜獨占日本書市的趨勢可能會加快，日本實體書店的生存環境從而進一步惡化。

引人注目的是，儘管日本實體書店的現況相當嚴峻，前景看起來也模糊不清，但從去年（二〇二〇年）至現在，新的獨立書店仍然陸續誕生。比如一位年輕人在千葉市幕張地區從親手打造小木屋做起的「本屋lighthouse」（本屋ライトハウス），在下北澤開業的女性主義主題書店「etc.books

BOOKSHOP」（エトセトラブックス BOOKSHOP），還有獨立出版社余白舍（よはく舍）在東京的書店空白地區——府中市分倍河原站附近成立的「MARGINALIA 書店」（マルジナリア書店）等等。日本書店的整體數量逐漸減少，但同時個人經營的獨立書店繼續增多。

我現在無法清楚解釋造成這種現象的客觀原因。我在此只想說，正因爲日本社會裡還有很多像他們那樣在逆境中決定開實體書店，並以自己的方式爲書和閱讀的未來付出努力的愛書人，我就實在沒辦法沉浸於悲觀情緒裡，反而對他們每一位抱有很強烈的期待感。我衷心希望疫情結束後你們再次來日本逛一逛獨立書店。我憑著直覺相信，你們下次來日本的時候會發現，日本獨立書店界不僅維持著原有的魅力和活力，其樣貌和內涵甚至比疫情前更豐富多彩。

Madosora 堂（古書まどそら堂）

這樣的書店怎麼可能生存下去？
老闆樸實可愛，但看起來很放鬆沒有危機感的樣子……

店名小故事

我在訪談中直接問店主小林先生說：「Madosora 堂，你為何取這樣的店名呢？」他不敢給我清楚答案，只說：「Madosora 堂成為正式店名的來龍去脈有點複雜。我打算自己臨死時在部落格裡寫此事，把它當做自己在人生中留下的最後一篇手記。」我覺得有點誇張，但他既然這麼說，就不想再追究下去。從日文發音的角度來猜想的話，Mado（まど）和 Sora（そら）可能分別是窗口和天空的意思。Madosora 堂藍色的正門也跟天空符合。啊其實不太確定的情況下不應該亂講。等小林先生在遺書裡說明的一天吧！

Madosora 堂是一家在書種上呈現強烈個性的同時，爲了讓有不同嗜好的客人滿足，保持一定的多樣性，也積極推動本土出版品的社區型舊書店。

”它的大門被塗成淡藍色，第一次來這裡的人一定會被那鮮艷可愛的大門深深吸引……“

橫貫東京都東西的JR中央線是在日本最早開通，一日乘客量最多的電車線之一，人流極多的沿線地區自然會有很多書店，各式各樣的書店座落於中央線各站一帶，形成極其壯觀的東京書店風景。高圓寺、荻窪、吉祥寺等中央線上的電車站附近，愛書人花一整天的時間慢慢逛書店將自己沉浸於書海之中，心情就會被難以言喻的幸福感填滿。值得一提的是，中央線書店勢力版圖上最近發生讓大家矚目的變化，就是以前因爲人流較少而經營書店不易的中央線西部地區也逐漸出現幾家特色獨立書店。我在這種中央線書店聚集地逐漸往東京西部擴展的潮流中，認識了一家位於東京都西側國分寺市的舊書店名爲Madosora堂。

自東京都中心的新宿站坐中央線電車往西走大概三十分鐘就到國分寺站，這裡已經與東京的繁華之地有一定的距離，周圍是安靜的住宅區，離電車站不遠的地方甚至能看到一些農地。從國分寺站南口出來，往右拐步行三分鐘，左邊就看到一座散發出昭和時代風味的公寓，它的半地下一層有一條小小的商店街，稱之爲「國分寺古董街」（国分寺 Antique Avenue）。雜貨店、繪本店、古董店、蛋糕店等特色小店聚集在這裡。其中一間店就是上面提到的舊書店Madosora堂，它的大門被塗成淡藍色，第一次來這裡的人一定會被那鮮艷可愛的大門深深吸引。店面呈長方形的構造，設在店內兩側的書架上排滿舊書。看起來科幻和偵探類的小說比較突出，但繪本以及在一般書店罕見的一九七〇年代、八〇年代漫畫和雜誌其實也很豐富，再仔細凝視書架就發現純文學、紀實文學、詩集類的書也不少。店內的一部分空間特地獻給本土創作者和出版社，我拜訪的那天看到國分寺的詩人兼散文家小谷Fumi（小谷ふみ）的著作，以及居住在這一帶的編輯們協力刊行的地方雜誌《Ki・mama》[1]。從擺放在店裡的這些商品就可以知道，Madosora堂是一家在書種上呈現強烈個性的同時，爲了讓有不同嗜好的客人滿足，保持一定的多樣性，也積極推動本土出版品的社區型舊書店。

1《き・まま》，リュエル・スタジオLLP發行。這本雜誌由生活在東京都小金井市的五位媽媽們二〇一二年一起創刊。kimama（気儘）在日文中是隨意，自由自在的意思，《き・まま》這雜誌名稱具有「媽媽隨意做」、「木・間々」等含義。

"我想做的是藝術，這一點一直沒有變，但同時知道若我這樣做下去只能走進死胡同"

Madosora堂，二〇一三年五月在國分寺的另外一個地方誕生，二〇一五年五月搬來現址。店長的名字是小林良壽先生，副店長是他妻子Akane（あかね）女士。小林先生一九八〇年代美術大學畢業後，主要從事設計製作立體作品的工作，他就在這種與藝術有關的行業裡謀生了幾十年的時間，但邁入中年之際，他腦海裡浮現對今後人生的種種問號，而開始重新檢討自己的將來。製作立體作品的工作是他一個人在家裡做的，製作時對話的對象只有他自己，他覺得這種生活會慢慢剝削他與社會之間的連結，使得他變成一個缺乏社交能力的人，因此他心裡面「非得改變自己的處境不可」的渴望越來越強烈，最後他做了開始新挑戰的決定。他回憶當時的心情說：「我想做的是藝術，這一點一直沒有變，但同時知道若我這樣做下去只能走進死胡同。這種走投無路的感覺促使我有個念頭，就是嘗試做一份與之前的經歷完全無關的工作！」不過當時已經年過五十的他研究各種行業，認眞考慮自己的體力、擅長之處、年齡等因素後，便發現他眞正能做的工作幾乎沒有，唯一或許可行的就是舊書店。「我只不過是一位普通的愛書人，但長年蒐集舊書，在藝術以外自己相對熟悉的世界只有舊書。而且家裡的書已經多到承受不了的程度，所以覺得開舊書店還是不錯的選擇。」

抱著開書店的願望卻沒能做出具體行動的僵局持續了一段時間，但某一天他在國分寺的街道隨便走走時，突然遇到一間空屋，大門上貼著招租的海報。他想起這裡以前是古著店，窺看屋內的瞬間湧現了莫名其妙的靈感，當場決定直接去見房地產仲介，聽完業務員的介紹之後，腦海裡響起「應該是這裡！」的聲音。其實那個地段是車流較多人流卻少的街道，在那營業的商家已經不多，不過他當時沒有想得那麼多，他相信自己聽到的心之聲，爲實現開書店之夢而眞正行動起來。接下來在很短的時間內做完取得古物執照等開舊書店時所要完成的種種瑣事，幾個月後Madosora堂正式開始營業。

籌備階段他只有一個抽象的心願，就是「無論如何想打造一間很可愛的書店」，我在店裡就覺得，反映出老闆個性的那些舊書、國分寺附近的社區刊物以及很有手感的店內裝飾融合在一起，產生可愛中帶點懷舊感的獨特氛圍，於是我跟他說：「你成功實現你當初的目標，這確實是一家很可愛的書店，那些文青們一定會喜歡。」不過他半開玩笑的回應：「書店的樣貌與我的外表之間的落差可能讓客人感到困惑吧。比方說，如果有一位年輕女生經過這裡發現Madosora堂，可能會想，『哇沒想到這裡有這麼可愛的書店，看起來很時尚的樣子，進去看看吧』，但他們跨進門，竟然看到一位不起眼的歐吉桑在裡邊坐著……。所以我覺得最好還是讓年輕帥哥美女顧店，這樣他們跨進門時才不會受到衝擊。」聽到他這麼講，我不得不反駁：「哎呀，你說什麼！可愛的店鋪和歐吉桑之間的落差才是Madosora堂所擁有的最大萌點啊！如果外觀和裡面的員工都太時尚的話，那些像我這種相當宅的讀者會感到緊張而不敢進來呢！」

”我辦這個活動時所保持的態度是這樣，就是不太在乎人數的多寡，即使只有我一個人參加，我敢於將一塊石頭放在自己面前，跟它一起討論藝術“

熱愛藝術的小林先生就這樣有了向外開放的社區空間，首先要做的當然是在店裡舉辦與藝術有關的活動，於是他開店不久就辦起有志人士一起思考並實踐藝術創作的活動，名爲「虎之穴」（虎の穴），這名稱來自於一九七〇年代在日本流行的摔角漫畫《虎面人》[2]，故事裡出現一個組織名喚「虎之穴」，他們在山裡建立祕密訓練營，在此偷偷把有潛力的人才訓練成摔角高手，並派到世界各地的摔角比賽。小林先生說：「與其說想把Madosora堂像『虎之穴』一樣做成一個祕密培養藝術高手的場所，不如說，想打造一個任何人都可以輕鬆接觸藝術創作的平臺。」

小林先生本來想爲每一場「虎之穴」活動提出一個題目，讓每一位學員提前創作圍繞此主題的作品，帶著作品一起討論與主題有關的種種議題，並互相評論各自的作品。第一場「虎之穴」活動的主題是「中二病」，意外的是當天晚上除了小林先生居然只有一個人來參加……。小林先生是否爲此受到打擊？其實不然，因爲他辦活動之前已經做好心裡準備。「我辦這個活動時所保持的態度是這樣，就是不太在乎人數的多寡，即使只有我一個人參加，我敢於將一塊石頭放在自己面前，跟它一起討論藝術。大家從外面看到我與石頭對話而覺得好奇怪，沒關係，那我就告訴他們說『我現在辦的就是虎之穴啊』。」他這樣持著輕鬆又堅定的信念踏踏實實地將「虎之穴」辦下去，久而久之來參加的人逐漸增多，現在已經形成了由一群藝術愛好者組成的小團隊。聽說小林先生以及學員們最近錄了Madosora堂的電臺節目，還想製作宣傳Madosora堂的影像短片。緩慢

2《タイガーマスク》，梶原一騎原作，辻なおき漫畫，講談社出版，一九六九

而穩固的步伐一路發展下來的「虎之穴」將來會結出什麼樣的果？非常讓人期待。

除了「虎之穴」這種爲對藝術創作感興趣的人而開始的活動以外，小林先生與社區的有志人士在店裡還定期舉辦另外一個門檻較低的活動：「醉醺醺夜話」（ほろ酔い夜話）。這個活動的進行規則很簡單，活動日晚上參加者帶著自己喜歡的書和酒來Madosora堂，大家圍著一圈坐下來，喝著酒輪流拿起自己帶來的書，將其中自己喜歡的某一個片段朗讀給大家聽。小林先生說：「『醉醺醺夜話』與『虎之穴』那種渴望創作的人表現自己的平臺不同，這次我只想讓大家抱著像唱卡拉OK那樣的輕鬆心態享受朗讀的樂趣。」活動剛開始時，他有點擔心大家會太緊張，但第一天活動開場不久便發現那是多餘的擔憂。由於他們在活動中喝酒，朗讀之際已經醉醺醺，心情比平時更大方一點，不會過度畏懼在大家面前朗讀，而且小林先生將自己製作的聚光燈對準每一位朗讀者，他們被它所發出的燈光照亮的那一刻就進入自己突然間變成明星似的幻覺中，朗讀者心裡存在的緊張感就會消失掉。這個活動也慢慢被社區居民所知，去年（二〇一五年）「醉醺醺夜話」作爲「國分寺書節」（国分寺ブックフェスティバル）的項目之一舉辦那天，想參加的人太多，沒能進來的人站在外面，最後只能限制人數。現在讓小林先生頭疼的不是大家太害羞不敢朗讀，而是他們分享自己所喜愛的文字的渴望太強烈，每一個人的朗讀時間越變越長。

”我重新明白真正意義上豐富我人生的關鍵是他人的存在。若沒有開書店，或許沒能發覺這一點，只能一輩子在狹窄的觀念框架中固執地活下去，這樣太可惜了“

小林先生在這些活動以及每天的營業中遇到很多有不同背景和經歷的社區居民。小林先生說他以前在日常生活中有互動的人極其有限，除了少數好友外，大概只有妻子、編輯以及幾位顧客而已，但開書店後他的交際範圍像宇宙大爆炸一樣突然擴大了。現在他只要在國分寺的街道上隨便散散步，總會遇到同樣在國分寺做小生意的朋友以及書店的常客。小林先生認爲這些開書店以來所認識的朋友不僅對他的生活帶來了變化，也在某種程度上改變了他自己的人生觀以及他對這個社會的看法。

他吐露說：「從前自稱藝術家的我，在別人的眼裡或許是那種只在自己的小世界裡活著的人，但開書店後我重新意識到他人之中的自我，各種各樣的人活在這個世界，每一個人不同，而我也是其中一個。我重新明白眞正意義上豐富我人生的關鍵是他人的存在。若沒有開書店，或許沒能發覺這一點，只能一輩子在狹窄的觀念框架中固執地活下去，這樣太可惜了。五十幾歲才打破自我封閉而開始新挑戰或許已經很晚，不過還是覺得自己很幸運，因爲在還能用自己的腳走路的時候，得到重新認識這個世界和自己的機會。」國分寺居民改變了小林先生，從另外一個角度看待這件事，或許也可以說Madosora堂的存在給他們的生活也帶來正面的變化。Madosora堂陪伴著生活在社區的老少男女的讀書生活，成爲連結社區居民的平臺，說不定有一天眞的會成爲國分寺市民生活中不可或缺的存在。

”我想素人也有素人才能體驗的樂趣。怎麼說呢，就是那種在沒有路的地方以自身的努力和創意來慢慢開路才能得到的快樂“

今年（二〇一六年）即將邁入開店第四年的Madosora堂，站在這三年的時間中一步一步鞏固下來的基礎上，作爲扎根於國分寺的舊書店，要開始做一些新的嘗試。小林先生現在策劃每月一場的講座，這個講座的特點是邀請那些生活在國分寺一帶的普通居民來讓他們介紹自己關心或講究的題目，而不是邀請社會上的有名之士。小林先生舉例說：「國分寺古董街上有一家西式甜點店『茂右衛門』，那麼也可以邀請那裡的甜點師來，請他與大家分享他的甜點師經歷或蛋糕的作法等等。這樣的講座若能長期辦下去的話，它有可能成爲國分寺市內衆所周知的文化活動，能夠讓社區居民的心裡留下一個印象，就是每月第三個星期六只要去Madosora堂，就能聽到很好玩的講座。」社區居民透過這樣的平臺可以認識彼此，也能看到社區本來擁有的文化資產，說不定有些人在這個講座中受到啓發，而自己也在國分寺開始做另類有趣的實踐，這種由下而上挖掘社區文化的嘗試不僅從社區營造的角度上帶來非常正面的作用，也助於提高Madosora堂在這個社區裡存在的意義。

從上述的內容可以得知Madosora堂在開業以來的三年時間裡確實積累了一定的成就，中央線西部地區的書店中它的知名度也慢慢提升，但小林先生和Akane女士終究是之前從來沒有從事書業的人，在黑暗中不斷摸索方向的感覺一直伴隨著他們。小林先生承認自己的不足說：「我在選書排書上是個眞正的素人。我完全不了解什麼樣的書是暢銷，也不懂有效率的進書方式，目前我只能盡量汲取客人的需求而認眞思考怎樣排書。當然偶爾會有自認爲價値很高，無論怎樣很想大力推薦的書，但那本書不一定賣得好。」他們在每日營業中想好久才做出的決定不一定會帶來他們所期待的結果，不過他們敢於享受這種前進三步後退兩步的過程，Akane女士述說：「我們在生意方面的經驗幾乎是零，所以坦白講，我們現在做的事情可以比喻成開拓未開之地的冒險。對有豐富經驗的人來說，我們在日常營業中面對的問題或許是小事，他們可能一瞬間就想到解決它的辦法，不過我想素人也有素人才能體驗的樂趣。怎麼說呢，就是那種在沒有路的地方以自身的努力和創意來慢慢開路才能得到的快樂。而且或許因爲我們之前沒有經營過書店的經歷，也不太了解書業中的常規，我們的頭腦才可以留在比較沒有顧忌的狀態，藉著Madosora堂這個平臺隨心隨意地試著實踐自己本有的理念。」

Akane女士繼續說道：「在他人的眼裡我們可能做一些脫軌的行爲，也不知道舊書業的同行怎樣看待我們，不過我們不太在乎別人眼裡Madosora堂所有的形象。如果我們還年輕，也許在時代潮流中東跑西竄，心裡偶然浮現靠攏體制的雜念，心情也不斷受到種種煩惱的影響，但年逾不惑的我們對事已經比較達觀了，就願意抱著想做什麼就做什麼的心態過日子。」

”社區書店的未來是由書店與利用它的社區居民雙方的努力而打造的，而不應該將所有責任推給書店的經營能力“

訪談接近結尾時，Akane女士突然提及說：「我們常說做生意應該採取『施與施』（give & give）的方式而不是『施與受』（give & take）。」以施與施的方式做生意？Akane女士說出這句話有點突然，我反應不過來。小林先生接著補充解釋：「『施與受』，這就是所有生意的基礎吧，但我們想盡量以『施與施』的態度營業書店。當然我們還是要確保能夠讓我們吃飽的盈利。我的意思是說，『我們給你個好東西，所以請你給我提供某些對價』，我們應該拋棄這樣的商業觀念，而不斷施與大家，雖說這樣的關係目前還沒能成立，但我還是想盡量實踐這個觀念。換句話說是資本主義的另外一種形式，這麼做也能養活自己最理想吧，哎呀我講得不太清楚……。」

有些人可能會覺得小林先生和Akane女士所提倡的理念太抽象，真正實踐的難度極高，但「施與施」終究是他們在困難中熬過三年的時間達到的境地，所以我還是相信它應該有一定的道理和參考價值。小林先生繼續說：「我在經營書店的過程中發現，若以『施與施』的態度看待這個世界，自己的心情就會放鬆下來。而且現在我有一種感覺，就是將自己所擁有的東西大方地獻給大家，大家會以同樣的方式支持我們。」「施與施」不是有明確理論基礎的商業模式，而是他們在與社區居民的互動中花了三年的時間磨練出來的生活態度，也是之前從來沒有從事過零售業的他們作爲一家社區書店要堅持追求的理想。

我在這次訪談中重新感受到小林先生與Akane女士他們兩位的言行呈現出的獨特魅力，換句話形容，他們都是很可愛的人，坦白講，我在此所用的「可愛」稍微含有「不可靠」、「不穩定」之類的意思。因爲他們在書業中是貨眞價實的素人，經營中偶爾會犯簡單的失誤，也許有時候也做一些脫離書業常規的行爲。一家書店被客人這樣看待或許不是好事，但對於Madosora堂我有不同的意見，我覺得這家書店所呈現的這種不穩定之感與小林先生、Akane女士呈現的難以形容的人格魅力結合在一起，發揮了不可思議的作用，第一次拜訪的客人一踏進店裡就不得不想：「這樣的書店怎麼可能生存下去？老闆樸實可愛，但看起來很放鬆沒有危機感的樣子，那今後我常來這裡多買書吧！」現在是經營書店極其不易的時代，書店從街頭逐漸消失的情況下，若有人願意開一家書店，無論那個人是否具備足夠的能力，他所表現的承擔風險而開一家書店的志氣本身是大家要祝福的，那麼假如我們都站在這樣的立場，維持一家書店就不應該單靠店主自己的努力，生活在附近的我們也要好好珍惜它的存在，多多拜訪它買書。我相信，社區書店的未來是由書店與利用它的社區居民雙方的努力而打造的，而不應該將所有責任推給書店的經營能力。所以我想說什麼呢？我只想說，若有機會去國分寺，一定要拜訪 Madosora 堂買書！我們充分發動讀者與書店相互支持的理念，全力幫小林先生和 Akane 女士實現他們所舉起的「施與施」精神吧！

1

2

1 Madosora 堂所在的「國分寺古董街」，從國分寺站步行約三分鐘即可抵達。

2 小林先生說，在籌備階段自己只有一個心願，那就是「無論如何想打造一間很可愛的書店」。

3

4

3 店裡陳列著居住在這一帶的編輯們協力刊行的地方雜誌《Ki · mama》（詳三九頁注釋）。

4 店內陳列著許多與書店氣氛相符的可愛童書。

店主小林良壽（ Yoshihisa KOBAYASHI ）先生
小林あかね（ Akane KOBAYASHI ）女士

Madosora 堂（古書まどそら堂）

地址 | 東京都國分寺市南町 2-18-3
國分寺公寓大樓（国分寺マンション）B-07B
電話 | 042-312-2079
營業時間 | 周二定休，13：00-19：00
經營書種 | 二手書、繪本、漫畫、文學、生活、獨立刊物
開業年分 | 二〇一三年

官網 | https://madosorado.com
臉書 | https://www.facebook.com/madosorado
推特 | https://twitter.com/madosorado
部落格 | https://madosora.exblog.jp
IG | https://www.instagram.com/madosoradobooks

導航資訊

造訪紀錄

二〇一五年十二月二十二日
進行採訪

完稿日期

二〇一六年三月

CHEKCCORI 韓文書店（책거리／チェッコリ）

像是在神保町的一棟辦公大樓裡偶然發現一扇任意門，打開它跨進去，
就發現自己突然間身在首爾街頭的一家獨立書店裡面

店名小故事

CHEKCCORI（책거리）原來指的是以前在朝鮮時代的書堂（서당，相等於中國的傳統私塾）裡舉行的一種禮儀。當時的學生讀完一本書，就和老師一起吃著米糕等食物，慶祝學業成就。**CHEKCCORI** 以相等於尾牙的形式留存在現代韓國社會。金承福店主當學生的年代，每到期末，班上的學生們主動組成 **CHEKCCORI** 委員會，自己準備簡單的點心和飲料，和老師一起辦小小的聚會。或許因為當年大家聚在一起的經驗作為美好的記憶一直留在她心中，她就決定給自己的書店取名為 **CHEKCCORI**。

一跨進 CHEKCCORI 的門，就能看到讓愛書人深深迷住的書店風景。

”第一次拜訪它的時候，不免有一種真正意義上的外文獨立書店終於出現在日本的感覺，覺得它為日本書市注入新的活力，提升日本書市的多樣化“

在東京神保町的一家中文書店工作的我，這幾年常常到中國、香港、臺灣的各城市參觀當地的獨立書店。我在拜訪東亞各地的華文獨立書店的旅途中，自己心裡面慢慢形成一種願望，就是將來在日本某個地方開一家自己的中文書店，有時甚至構思它將有的樣貌和營業形態。不過坦白講，這個願望從來沒有脫出妄想的範圍。我一旦開始思考怎樣實現開書店之夢，就不免面臨要解決的種種實際障礙，而最後往往悲觀情緒瞬間襲來，心中大喊「不可能，我一定沒有足夠的能力！」選擇停止思考。

我停留在不斷自說「啊如果我將來能開中文書店，那該多好……」，卻不敢爲此做出任何具體行動的狀態時，竟然遇到實踐我理想的外文獨立書店，它就是去年（二〇一五年）七月在神保町開張的韓文書店CHEKCCORI。第一次拜訪它的時候，不免有一種眞正意義上的外文獨立書店終於出現在日本的感覺，覺得它爲日本書市注入新的活力，提升日本書市的多樣化。不過正因爲如此，我作爲一個希望將來自己也在日本開一間中文書店的人，爲 CHEKCCORI 的出現祝福的同時，對它的存在難免感到一點點嫉妒。

”CHEKCCORI 不僅是可以買到韓文書的地方，也是喜歡韓國的人、愛看韓文書的人以及學習韓文的人可以聚在一起而交流的空間“

CHEKCCORI 棲息於神保町靖國通上的一棟沒什麼特徵的辦公大樓裡，外面只有立著一張小小的招牌，客人第一次踏入那棟樓，走上樓梯，很可能會覺得走錯地方，但一跨進 CHEKCCORI 的門，就能看到讓愛書人深深迷住的書店風景。

明亮溫柔的燈光照亮著面積不大的店內，店中間有幾張椅子和桌子，便於客人們坐下來慢慢翻閱書或跟朋友聊天。櫃檯下面陳列著幾十張可以免費索取的宣傳單，客人們能夠以這些資料來得知最近在日本發生的跟韓國有關的活動等消息。看看立在櫃檯上的菜單就能知道這裡除了咖啡等飲料外，也提供柚子茶、五味子茶、七星汽水、Hite 啤酒、傳統韓國餅等韓國特色的飲料和點心。

沿著四面牆壁都是書櫃。書種相當豐富，也分類得很清楚，有小說、詩歌、散文、翻譯文學、兒童書、漫畫、娛樂圈、料理、韓文課本等等。其中不少書被秀面陳列，店內到處看得到店員們寫的推薦文，讓客人們感受到店員爲賣一本書而投入的熱情。雖說我不太了解韓文書的世界，但只要在店裡花一段時間觀察的書櫃上的書，就能認定CHEKCCORI的選書水準與韓國國內的一流獨立書店相比也毫不遜色。

我在店裡的時候發現旁邊有兩位客人正在找書。她們似乎都在學韓文，應該是來CHEKCCORI尋找自己也能看懂的韓文書吧。我側耳傾聽她們的對話，就看到一位店員走過來跟她們打招呼，並打聽一下她們的韓文程度，進而介紹一些有可能適合她們的韓文書。除她們倆之外，旁邊還有三位男性，他們坐在椅子上喝著啤酒互相講述當初對韓國產生興趣的緣由以及學習韓文的心得，店內發生的這些人與人之間的交流使得我明白CHEKCCORI不僅是可以買到韓文書的地方，也是喜歡韓國的人、愛看韓文書的人以及學習韓文的人可以聚在一起而交流的空間。

第一次拜訪CHEKCCORI的體驗簡直像是在神保町的一棟辦公大樓裡偶然發現一扇任意門，打開它跨進去，就發現自己突然間身在首爾街頭的一家獨立書店裡面。CHEKCCORI 給我留下的印象太過深刻，使得我有這樣的錯覺。我在心裡不禁感嘆著說：「啊我本來希望將來在日本開這樣的中文書店，自己想做卻不敢相信能做到的事情，CHEKCCORI 竟然做到了。」

那天我離開 CHEKCCORI 後，作為同樣在神保町的中文書店工作的書店員和一個不斷妄想將來在東京開一家中文書店卻不知所措的愛書人，發現自己心裡面「想要向 CHEKCCORI 取經」的渴望越來越大，於是我決定直接聯絡店主，打聽一下能否進行採訪。她給我的回答爽朗明確，說很樂意接受我的採訪。

”經營這家書店是我的工作，我們要靠它吃飯，所以我對周圍環境保持敏感，以便從各方面吸收種種利於書店的訊息“

我和 CHEKCCORI 店主在快打烊的店內坐下來，發問前先做簡單的自我介紹，並說明第一次拜訪時它給我的印象，我覺得先得表達自己對 CHEKCCORI 的敬佩之心，比較有禮貌。不過我講到自己的工作內容時，她突然打斷我說：「你給大學賣書？怎麼賣啊？最近偶爾有一些大學裡做研究的教授們向我們訂書。我們一直想要挖掘新的客戶群，現在考慮開始主動針對大學等研究機構推銷韓文書。」她凝視著我的眼睛，以很堅定的語氣說：「經營這家書店是我的工作，我們要靠它吃飯，所以我對周圍環境保持敏感，以便從各方面吸收種種利於書店的訊息。我是拚命在做這個事業的。」採訪之前我迷戀於CHEKCCORI，對它只有極其美化的想像。幸好她在採訪開頭說出的這句話，將我從幻想中拔出來，這樣我能夠既抱著對這家書店的熱情，又保持著客觀而聆聽店主的話。

”二〇一一年 CUON 出版了第一本書，就是二〇一六年布克獎得主韓江的長篇小說《素食者》“

這位店主的名字是金承福，出生於韓國全羅道的她一九九一年第一次來日本留學，直到如今（二〇二一年）在日本已經生活三十一年。她二〇〇二年成立了一家網路公司，主要從事網站設計和翻譯等事業。從小熱愛閱讀的她一直覺得韓國當代文學中有很多非常好看，值得被翻譯成日文的作品，因此在工作中不斷向日本出版人推薦她所喜歡的韓國當代文學作品，希望他們認眞考慮將它們翻譯成日文。可是基本上沒有人眞的爲在日本出版那些文學作品而做出具體行動。她面對著這種現實而做出的反應並非是放棄，而是決定自己成立一家出版社。

「我本來不是想做出版社，而是單純地希望日本人會有更多機會接觸那些好看的韓國文學作品，但我發現其實在日本願意爲此付出努力的出版社很少，所以我想『那就別無選擇，不如由我自己來做吧』。」她首先花三年的時間做版權買賣的業務，積累一些翻譯、出版業的經驗。後來二〇〇七年終於成立自己的出版社CUON。二〇一一年CUON出版了第一本書，就是二〇一六年布克獎得主韓江的長篇小說《素食者》。CUON迄今已經出版二十一本「新的韓國文學系列」，爲在日本推廣韓國文學而不斷努力。

隨著CUON的出版品增多，金承福店主有了將來開一間韓文書店的念頭，就是想要可以與讀者面對面交流的平臺。完全沒有書店業內經驗的她整整花了三年左右的時間籌資金寫企劃書，甚至到臺北參觀好樣本事VVG Thinking等當地獨立書店，她投入大量心血而成立的韓文書店

CHEKCCORI，去年終於在日本最大的古書街神保町開幕。

”CHEKCCORI目前有五位成員，每天輪流擔任店長。他們都有不同強項，例如有的特別喜歡韓國的繪本，有的熱愛韓國當代文學，有的則對韓國娛樂圈有著深厚知識，於是他們能夠在自己所熟悉的領域中以其既獨特又尖銳的眼光精選好書“

CHEKCCORI的藏書量目前共四千五百本左右，其中五百本是日文書，其他書則是韓文書。韓文書從韓國的網路書店阿拉丁訂購，日文書則是從出版社那邊直接訂。其實那四千五百本書當中有不少金承福店主自己的書。她在書店的預算有限的情況下爲了彌補書的不足而將自己看完的書陳列在店裡書櫃上。

書櫃上的書是以小說、散文、詩集等韓國一般閱讀愛好者們應該喜歡的作品爲主，學術類的書則相對少。於是我不禁問金承福店主：「在日本除了那些研究有關韓國的文學、歷史、社會的學者以外，有能力看懂韓文的讀者實在不多，那麼這些書，要買的人多嗎？」她竟然非常開朗地回答我說：「真的賣得不錯，韓文書的銷售額比我們當初預期的高很多，目前應該占整體銷售額的三成左右吧。剩下的七成收入來自於飲料和活動。」

這個答案對我來說有點意外，我一直認爲在日本想要買中文書或韓文書的人眞的很少。不過我從跟她的對話中慢慢了解到其背後存在的奧妙。

CHEKCCORI目前有五位成員，每天輪流擔任店長。他們都有不同強項，例如有的特別喜歡韓國的繪本，有的熱愛韓國當代文學，有的則對韓國娛樂圈有著深厚知識，於是他們能夠在自己所熟悉的領域中以其既獨特又尖銳的眼光精選好書。這樣做下去，店裡的整體選書水準就很自然地逐漸提高。我不太會用理論來解釋，但總覺得這些有著不同強項的店長們精選的書加起來就能夠散發出在綜合書店難以發揮的獨特魅力。

若您是一位對韓文書感興趣的日本讀者，第一次拜訪CHEKCCORI而在店內隨便瀏覽書架上的書，店長們可能會主動走近來跟你打招呼。先問問你的韓文程度、閱讀習慣、興趣愛好等因素，再選出一本你也能看懂，又適合你口味的書。

如前述，因每一位店長的強項不同，他們就會以不同的角度介紹適合每一位讀者的書。譬如，其中一位店長佐佐木靜代（佐々木靜代）女士老實的說，自己的韓文能力只不過是中級程度，事實上還看不太懂比較深奧的文學書，作爲韓文書店的成員，這或許是個弱點，但她又覺得那也不一定。因爲她在書店與客人接觸的過程中發現，有時候因爲她的韓文還處於中級程度，才能夠較深切地了解他們在學習中面對的困難，可以從相似戰友的立場向他們推書。這難道不是她的優點嗎？

說到店長們的推書能力，當然不能忽略金承福店主自己，她的讀書範圍和量都博大精深，佐佐木女士讚嘆說，CHEKCCORI 的所有成員中，韓文書的行銷能力最強的無疑是金承福店主。金承福店主說：「我眞的一直想要這樣的書店，就是以書爲主角來產生交流、連結的空間。」CHEKCCORI 大部分的書，其實也都可以從其他的網路書店訂到，但精選的實體書被好好呈現出來的樣子，再加上從每一位店長身上能感受到的對書的熱情，是來到這裡才能體驗到的。這種前所未有獨一無二的書店，知名度當然會不斷提升，對全國各地的對韓國有興趣的人來說，它已經成爲來東京必須造訪的巡禮聖地。

”CHEKCCORI的活動正因為能吸引嗜好完全相反的客戶群，才會成為本來屬於不同世界的人可以互相交流、從而能夠了解彼此的平臺“

除了CHEKCCORI的獨特選書和推書方式以外，於店裡頻繁舉辦的各種活動也體現金承福店主所舉起的前述理念：「以韓文書來產生人與人之間的對話」。首先要說大部分活動以輕鬆題目爲主，例如學韓語的講座、咖啡沖泡課程、韓文繪本讀書會、「新的韓國文學系列」讀書會、韓國歌手的小小音樂會……等等。

不過，CHEKCCORI在某些活動當中也討論韓日之間存在的歷史問題等嚴肅議題。例如今年（二〇一六年）二月CHEKCCORI邀請一位九十歲的在日朝鮮人作家，金石範老師舉辦小小的座談。由於金石範老師是用日文創作的朝鮮籍作家，所以他在日本主流文壇上受到的關注不算大，但純粹從客觀角度看待其文學成就，他無疑是個國寶級的文化人。他在活動中講述自己的作家生涯，尤其是花了二十年以上的時間才完成的長篇小說《火山島》[1]，這是以一九四八年在韓國濟州島爆發的民眾起義為背景的故事。能夠與這樣的一位作家面對面交流，一起回顧無數無辜老百姓被政府軍殺害的那段悲慘歷史，實在是一件非常難得且有意義的事情。

除此之外，去年還有一場一本紀實文學作品名為《九月在東京的路上——1923年關東大震災大屠殺的殘像》[2]的作者加藤直樹先生的座談會。這本書詳細描寫一九二三年發生的關東大地震中，幾百位朝鮮人被因地震而失去冷靜的日本民眾虐殺的過程。去年韓文版在韓國得以出版，作者加藤直樹先生到韓國與當地讀者們交流，他便在CHEKCCORI的座談中與大家分享韓國讀者對此書的看法。

我很喜歡CHEKCCORI採取的這種輕鬆題目與嚴肅議題共存的活動策劃。我相信以這樣的方式將活動辦下去，本來對韓日之間的歷史事件不太感興趣的人在反覆參加CHEKCCORI活動後，會慢慢開始接觸自己興趣範圍以外的議題，而能夠從更多樣的角度去探討韓國文化、歷史與社會。反過來說，像我這種特別執著於東亞各國之間存在的歷史問題，卻對韓國的其他方面所知甚少的人，也會有機會認識韓國文化的不同面目。CHEKCCORI的活動正因為能吸引嗜好完全相反的客戶群，才會成為本來屬於不同世界的人可以互相交流、從而能夠了解彼此的平臺。那些日常生活中很少有機會接觸、意識形態上也有所差距的人在這裡也能夠以書為媒介來連結在一起，對我來說，這是不易實踐、但是是日本的外文書店，尤其是亞洲語文的書店應該積極承擔的責任。CHEKCCORI在我眼裡從開店至今一直努力做到這一點，並且做得相當成功，這就是我不得不敬佩它的最大理由吧。

「產生人與人之間的對話」的主題並不僅限於韓日交流，像金承福店主覺得很多客人因喜歡韓國來CHEKCCORI，但他們其實對神保町這個地方本身的興趣不大。因此有些客人為拜訪CHEKCCORI而特地來神保町，卻不會順便逛逛這條世界最大古書街。她對這樣的情況深感可

1《火山島》（全七卷），金石範著，文藝春秋出版，一九八三到一九九七間陸續出版

2《九月、東京の路上で――1923年関東大震災 ジェノサイドの残響》，加藤直樹著，ころから出版，二〇一四

惜，因而試圖透過舉辦一些特別活動來讓那些因喜歡韓國而來CHEKCCORI的人也得到機會找到神保町這個社區本身的魅力。她從二〇一六年四月二十二日開始舉辦一些幫大家認識神保町的座談「神保町座談系列」，第一場座談是由《書店不死》作者石橋毅史先生來主持，嘉賓是神保町的新書店岩波圖書中心的店主柴田信先生。一九三〇年出生的柴田信先生講述在他長達半個世紀以上的書店員生涯中的所見所聞，聽衆們從此了解到神保町的過去、現在以及未來。那些熱愛韓國但實際上對CHEKCCORI所屬的這個社區本身沒那麼感興趣的人，藉著這樣的活動，說不定也會慢慢體會到逛逛神保町的樂趣。另外一種可能是，喜歡神保町卻沒有關注過東亞鄰國的人爲了「神保町座談系列」，第一次來CHEKCCORI而對韓國開始產生興趣。金承福店主希望「神保町座談系列」發揮的影響就是這樣，有著不同興趣的人得到機會打開眼界，而接觸自己本來不熟悉的世界，從而出現他們可以溝通，相互交流的空間。

"讓客人本身也成為打造CHEKCCORI這個平臺的主體"

CHEKCCORI以前的活動內容大多是邀請各界專業人士，讓他們講講自己的專業，但金承福店主也希望，今後要舉辦與此不同的活動：就是請普通人士講述自己的故事或分享自己的愛好。舉例說，二〇一五年五月舉辦的活動中，有一位CUON前社員跟聽衆分享她去年騎摩托車縱貫韓國的體驗。

佐佐木女士也在二〇一六年五月舉辦自己策劃的一場活動，就是與大家回顧早逝的韓國民謠歌手金光石。「我在電腦上訂金光石的散文集時，不小心打錯數量，進了太多本。我一時不知道該怎麼辦而感到困擾，但不久又想開了，便對自己說，『那就試試辦以金光石爲主題的活動，順便推銷他的散文集如何呢？』」佐佐木女士告訴我，目前爲止，CHEKCCORI的成員辦的活動比較多，但金承福店主現在考慮給客人們也提供一些機會，讓他們在與韓國有關的題目中分享自己喜愛的事物或愛好，他們在過程中不僅止於被動地收到有關韓國的各種諮詢，同時能主動與大家分享自己擁有的知識或能力，讓客人本身也成爲打造CHEKCCORI這個平臺的主體。

"作為站在韓日之間從事書業的人，她在這十年間從來沒有停下脚步，全力盡自己的使命"

CHEKCCORI的誕生給日本的韓國文化市場所帶來的影響不能忽視，現在日本其他城市也有人說「我也想在自己生活的地方開一間像CHEKCCORI那樣的韓文書店」。金承福店主目前沒有開分店的想法，但很樂意協助抱著這種意願的有志人士們。譬如，她現在想想CHEKCCORI或許可以爲其他韓文書店擔任類似於經銷商的角色，蒐集全國各地韓文書店的訂單、一起訂書，以便減少各書店在訂書業務上要承擔的負擔。另外，如果某一位韓國作家來日本而在CHEKCCORI辦一場活動來宣傳自己的著作，金承福店主願意安排他後續的行程，讓他去CHEKCCORI以外的韓文書店，這樣日本其他地方的韓文書店和讀者也會得到與韓國作家交流的寶貴機會。

從二〇〇七年至今一直在日本致力於出版韓國文學作品的金承福店主，今年則在韓國成立一家出版社，這次將日文書翻譯成韓文，給韓國的文學愛好者介紹日本作家的經典文學之作。她述說：「其實已經有很多日文書被翻譯成韓文在韓國得以出版，但它們大都是暢銷書，眞正有內涵卻銷量少的日文書則無法被翻譯成韓文。我之所以決定在韓國開出版社是因爲希望韓國讀者會有機會用韓文閱讀那些相對冷門但意義深高的日文書。比如，我一定要翻譯自己最喜歡的日本作家之一，開高健的著作。」一先前在日本從事韓國文學作品的翻譯出版事業，而去年開間韓文書店來推動韓日之間的文化交流，今年則在韓國也成立出版社，預計出版一系列日本文學作品的韓文版，作為站在韓日之間從事書業的人，她在這十年間從來沒有停下腳步，全力盡自己的使命。

”這有點像是在韓日友好的田地上每天撒種子、澆水、耕作，確實是日復一日的漫長過程“

訪談進入最後階段，我將提前準備好的提綱當中自己最想問金承福店主的問題提出來，用輕鬆語氣拖拖拉拉地問：「最近政治上韓日關係不太好，網路空間上有不少表達嫌韓情緒的言論。你在工作上有沒有感覺到韓日關係的變化造成的影響？你對這樣的現況有什麼看法？」

我將這些話說出來的那瞬間，發覺緊張的空氣突然包圍了我們倆，這種氣氛的變化是我意想不到的。她沉默幾秒就開口慢慢說：「我作為站在韓日兩國之間的人，要承認目前在政治上韓日關係不太好，但該怎麼說呢？我們在現實生活中不可能澈底離開政治，但我認為，盡量不採取『政客們說某些話，我們就趕快做出反應』的態度非常重要。我從以前至今一直抱著這樣的心態在韓日之間活著。」

這幾句她訥訥而言的話，我聽完莫名其妙地感到有點尷尬。我個人非常認眞地思考韓國、北朝鮮、日本之間的歷史糾葛，認爲日本在東亞現代歷史中對朝鮮半島造成巨大傷害，日本爲此做出的反省不夠澈底。站在這種立場的我或許無意間將自己意識形態上的特定心願托給CHEKCCORI，就是希望它爲打破日本社會中確實存在的嫌韓情緒做一些付出努力，並做出實際行動。

不過我說到這裡，就不得不檢討自己寄予CHEKCCORI的這些期待。

CHEKCCORI作爲在日本賣韓文書，並以各種活動來推動韓日文化交流的書店，無論喜不喜歡，不免受到韓日關係上的變動造成的種種影響。在這種不同力量不斷角力的磁場上，經營一家韓文書店其實眞的不容易。現在的日本社會裡若爲社會某一方發出聲音，明確表態自己的立場，說不定會被貼上特定標籤，而引來對書店經營造成損害的麻煩。

我不是 CHEKCCORI 的店員，所以能夠沒有什麼顧慮地想說什麼就說什麼，但金承福店主不一樣，她就是 CHEKCCORI 的店主，要為它的生存負責任。她作為一位在日本生活三十一年的韓國人，清楚明白在日本經營一間韓文書店，以書來推動韓日文化交流是什麼樣的一回事。

我不是說日本的韓文書店為避免受到批評，應該對具體的歷史或社會議題保持沉默。反而我只想說，扎根於韓日兩國的草根社會以書為媒介來促進兩國人民的相互理解，這個工作的重要性總不會變，但如果真的要讓這樣的理想成真，首先當然要深入了解韓日兩國社會，也要好好感受韓日兩國人民之間存在的感情層面上的問題，並在其基礎上細膩地思考書店該採取的經營方向，抱著謹慎的態度去做書店運作上的每一個環節。坦白講，這樣的事業，只有像金承福店主那種不僅有熱情，且有冷靜的頭腦，再有足夠耐力去承擔巨大壓力的人才能做到。

總之，從金承福店主的言論中我感覺到她想透過 CHEKCCORI 這個平臺，用既緩慢又堅定的步伐，以書為媒介來產生人與人之間的連結，推動韓日兩國人民之間的相互交流，這有點像是在韓日友好的田地上每天撒種子、澆水、耕作，確實是日復一日的漫長過程，但長遠來看，我相信，精心選書、認眞對客人推書、舉辦活動來讓日本人接觸韓國文化和歷史，CHEKCCORI的成員們不厭煩地每天在做的這些業務將來對韓日關係一定會產生非常正面的影響。CHEKCCORI在日本的土地上天天播下的種子，幾十年後會結出什麼樣的果？眞讓人期待啊。

”他用韓語問說：「我的詩還是被大家愛著嗎？那個時候韓國的獨立已經實現了嗎？」“

訪談結束，我留在店裡再一次瀏覽書架，又看到上次拜訪時被吸引的一本書，猶豫了幾分鐘還是決定把它買下來。它是韓國詩人金素月（一九〇二——一九三四年）一九二五年出版的詩集《杜鵑花》[3]，我買的就是去年十一月出版的復刻版。我完全看不懂韓文，但裝幀設計相當精美，無法控制心裡湧現的收藏欲望。詩集被包在茶色的信封中，此信封上寫著金素月的本名「金延湜」，和他的住所地址「京城府蓮建洞一二一番地」，讓我覺得這是金素月寄給我的禮物。不僅如此，信封中有一張明信片，上面寫著金素月對讀者的問候，他用韓語問說：「我的詩還是被大家愛著嗎？那個時候韓國的獨立已經實現了嗎？」金承福店主用日文將這句非常催淚的話唸給我聽，一股難以言語表達的感動便湧入心頭，就很想對韓國獨立前的一九三四年服毒自殺的金素月老師大聲說：「金素月老師，韓國的獨立早就實現了！大家都還喜歡讀你的詩，現在甚至在日本也有你的讀者呢！」我覺得那天離開CHEKCCORI前翻閱的這一本詩集在某種程度使得我相信，每一家書店都承載著那些已過世的作者們寄託於文字的知識、感情與想法，換句話說他們的靈魂活在書本裡。這個世界上的每一家書店其實在看似平淡的每日運作中，有意或無意間以書本來連結過去與現在、死者與生者。我知道這樣說聽起來很陳腐，但我在這樣的感受面前還是忍不住叫喊：

「經營書店是多麼神聖的事業啊！」

---

3 《초판본 진달래꽃：김소월 시집》，金素月著，소와다리出版，二〇一五

“一部韓國小說和《日本國紀》以同等規模肩並肩地擺在同一張平臺上，今天的日本書店裡能夠看到如此的風景，我認為這事實證明韓國文學這些年在日本書市裡所取得的成就”

二〇一八年十二月某日，我在下班的路上，經過一家吉祥寺電車站內的連鎖書店，而被眼前的風景深深吸引。店裡有一張秀面陳列暢銷書的平臺。百田尙樹的《日本國紀》[4]占滿平臺的一半。這沒有什麼意外。百田尙樹是家喻戶曉的暢銷作家，他的書差不多都賣得很好。有意思的是，築摩書房出版、韓國作家趙南柱的《82年生的金智英》占滿同一張平臺的另外一半。這兩本書在平臺上陳列的數量大約相同。除了暢銷作家的身分以外，百田尙樹是一位在日本很有名氣的右派作家，他的著作旁邊，以同等數量秀面陳列一部韓國當代文學作品，這種擺設方式本身應該相當能夠刺激客人的視覺。隔天我才知道《82年生的金智英》自二〇一八年十二月在日本出版以來，一個月內已經賣了五萬七千本左右，這作爲一本翻譯類小說是相當驚人的數字。一本翻譯小說在日本若能賣三、四千本就已經不錯了。像《82年生的金智英》那樣銷售超過五萬的作品眞的是少數中的少數。就算店員想要推薦一本韓國小說，但它賣得不好的話，不可能以這種如對抗《日本國紀》般的氣勢把它陳列得堆積如山。一部韓國小說和《日本國紀》以同等規模肩並肩地擺在同一張平臺上，今天的日本書店裡能夠看到如此的風景，我認爲這事實證明韓國文學這些年在日本書市裡所取得的成就。

其實這幾年在日本出版的韓國小說大幅度增多，以韓江爲主的女性作家的作品特別引起日本廣泛讀者的矚目。我認爲韓國文學在日本最近突然紅起來是理所當然的結果。日韓社會本來有很多相似之處，兩國的老百姓在各自的社會所面臨的問題也很像。因爲如此，日本人閱讀當代韓國文學作品，能夠在故事裡出現的人物身上看到自己的影子，並對他們的處境感同深受，就像很多女性讀者看完《82年生的金智英》，心裡忍不住想「這是我的故事」。這樣看來日本現在的韓國文學潮不是一時的現象。

這個日本讀者接受韓國文學過程裡，當然不能低估CHEKCCORI所起到的作用。就像這篇文章的開頭提到的，CHEKCCORI早在二〇一一年出版了它的第一本書《素食者》，從此至今已

4《日本国紀》，百田尚樹著，幻冬舎出版，二〇一八

經翻譯、出版幾十本韓國文學作品。二〇一九年一月十九日我帶著兩位馬來西亞華人朋友參觀CHEKCCORI。店裡靠牆的書架上秀面陳列著剛出版的《祥子的微笑》。這部作品被翻譯成日文的方式與以往不同。二〇一七年CHEKCCORI舉辦了一場韓國文學的翻譯比賽，名為《第一屆「想要看日文版的韓國書」翻譯比賽》。參賽者超過兩百位以上，CHEKCCORI邀請其中最優秀的三位譯者共同將《祥子的微笑》翻譯成日文。CHEKCCORI舉辦這種活動的目的別無其他，就是培養下一代的韓國文學翻譯者。

除此之外CHEKCCORI幾年前開設線上書店，向住在遠方的讀者提供購買韓國原文書的機會。我最近發現，網站上販賣的大部分韓國原文書都附有CHEKCCORI的輪班店長們自己所寫的日文介紹。還有，去年金承福店主帶著一群CHEKCCORI的客人們去濟州島，訪問一些當地的獨立書店、濟州四·三事件的相關遺跡等等。CHEKCCORI做的事實在太豐富，沒辦法在此全都列出來。

日文的網路空間裡到處都能看到充滿族群歧視色彩的所謂嫌韓、嫌中言論，而且一些日本政客有時候故意強調日本和鄰國之間的關係不斷惡化來試圖得到更多民衆的支持。但另一方面，很多日本人支持CHEKCCORI的存在，它現在比之前更加活躍，知名度持續上升；《82年生的金智英》作爲韓國文學創造了前所未有的銷售成績。這些現象在某種程度證明，日本和韓國在政治上無論發生什麼，至少在文化交流的層面上這兩國之間的關係還是不斷加深。那些政客們阻擋不了這趨勢。

祝日韓友好！[5]

---

5 編註：本文中，將「大韓民國」、「朝鮮民主主義人民共和國」分別稱爲「韓國」、「北朝鮮」，以「朝鮮」或「朝鮮半島」泛指成立現代國家以前的朝鮮半島及其人民。而提及作家金石範段落，因「在日朝鮮人」一詞爲日文中的固有名詞，有其複雜的歷史背景；而「朝鮮籍作家」一詞則涉及作家自身的國族認同，因此均直接沿用日文原文寫法，並特此說明，以與文中通稱的「朝鮮」有所區隔。

1

1 韓國詩人金素月詩集《杜鵑花》的復刻版。

2

3

2 櫃檯下面陳列著幾十張可以免費索取的宣傳單，客人們能夠以這些資料來得知最近在日本發生的跟韓國有關的活動等消息。

3 店裡靠牆的書架上秀面陳列著《祥子的微笑》。店內到處看得到店員們寫的推薦文。

店主金承福（Seungbok KIM）女士
店長／宣傳公關佐々木靜代（Shizuyo SASAKI）女士

CHEKCCORI（책거리／チェッコリ）

地址 | 東京都千代田區神田神保町 1-7-3
三光堂（三光堂ビル）三樓
電話 | 03-5244-5425
營業時間 | 周一、周日定休，周二至周五 12：00-20：00，
周六 11：00-19：00
經營書種 | 韓文書、關於南韓、北韓的日文書
開業年分 | 二〇一五年

官網 | http://www.chekccori.tokyo
臉書 | https://www.facebook.com/chekccori
推特 | https://twitter.com/CHEKCCORI

導航資訊 

造訪紀錄

二〇一五年
第一次拜訪

二〇一五年十月十九日
參加《九月在東京的路上》韓文版出版紀念活動

二〇一六年三月五日
參加金石範講座

二〇一六年四月廿二日
參加石橋毅史、柴田信對談

二〇一六年五月十二日
進行採訪

二〇一九年一月十九日
帶著來自馬來西亞的朋友拜訪

完稿日期

二〇一六年六月
完成初稿

二〇一九年五月
增修部分內容

農業書中心（農業書センター）

我們之所以搬到神保町，是希望藉此機會在大都會裡也打造支持農業的基地

店名小故事

農業書中心是由文化團體「農山漁村文化協會」（以下簡稱農文協）來經營。農文協以繼承並普及日本的農業文化為主要目標，專門出版關於農業和山村、漁村文化的書。一九九四年，農業書中心在東京大手町的日本農業協同組合大廈（以下簡稱 JA 大廈）內開幕，營業了二十年，二〇一四年才搬到神保町。

「日本農業新聞 這星期的書評」，《日本農業新聞》是日本唯一的日刊農業專門報紙，農業書中心將該星期《日本農業新聞》書評欄目上推薦的書秀面陳列。

〞平臺上面陳列著SEALDs成員們選的十五本「為了深入思考日本的民主、憲法、安保法、祕密保護法、戰爭而必讀的書」〟

故事的起點是二〇一五年九月的某一天。那天我心裡決定好下班後一定要去位於東京千代田區的國會議事堂（以下簡稱國會），參加晚上在那一帶舉行的反安保法示威。下午我在公司偷懶上網，推特上偶然看到一家書店發出的貼文，內容如下：

贈送SEALDs標語牌活動！
「我現在要去國會」，今天這樣說的客人很多。因此我們正在加印標語牌。
請大家下班後先來這裡，帶著標語牌前往國會吧！

這裡所指的SEALDs（シールズ，Students Emergency Action for Liberal Democracy－s）是由大學生組成的社運團體，積極推動去年（二〇一五年）爆發的反安保法運動，發揮了過去六十年間的日本社會前所未有的號召力和凝聚力，亦給日本社運界注入新的活力。看到貼文的那瞬間，我眼睛亮了一下，心裡想：「太好了！這樣我可以舉著SEALDs設計的『PEACE NOT WAR』、『戰爭法案反對！』等標語牌參加示威。」一到五點半就從公司跑出來，初次拜訪那一家正在舉辦「贈送SEALDs標語牌活動」的書店。它就是座落於神保町中心地區，以農業爲主題的書店——農業書中心。

農業書中心的地段特別好，位於神保町白山通和靖國通交叉的十字路口的附近。不過坦白講，於神保町工作七年的我之前也完全不認識它。那天晚上我到它所在的地點時，就明白了其中的原因：農業書中心位在一棟辦公大樓的三樓，一樓則是連鎖藥店，藥店門口左側的牆上掛著一幅招牌寫「3F 農業書中心」，實在不太明顯，偶然路過這裡的人恐怕不會發覺它的存在。

我跨進藥店的門，走上樓梯，一口氣走到三樓。那時應該已經晚上七點多，國會那邊的示威早就開始，我就有點著急，但又想，什麼都不買而直接向店員要標語牌太不好意思，於是先目不轉睛地走到「SEALDs書展」的平臺前，上面陳列著SEALDs成員們選的十五本「爲了深入思考日本的民主、憲法、安保法、祕密保護法、戰爭而必讀的書」，隨便把其中一本拿起來到櫃檯結帳。我有點緊張地向店員詢問：「啊聽說今天你們有贈送客人反安保法的標語牌，我可不可以拿一張？」她露出稍微驚訝的樣子，但一秒後臉上則浮現一副高興的表情，用開朗的語氣說：「好啊！」並交給我一張「PEACE NOT WAR」的標語牌。

”農業書中心的選書風格在農業類和其他類之間保持絕妙的平衡，打造一個獨特的閱讀空間，使那些對農業本來感到陌生的人也一定能夠在這裡找到適合自己閱讀嗜好的書“

那天我待在農業書中心的時間可能不到十分鐘，但還是觀察了一下店內。門口對面一整列書架上擺放著最近出版的書，最左側有一個牌子寫著：「日本農業新聞 這星期的書評」，《日本農業新聞》[1]就是日本唯一的日刊農業專門報紙；書架下側秀面排列著這星期日本農業新聞書評欄目上被介紹的書，看到《自由貿易下的農業．農村的再生》[2]、《佐賀農漁業的近現代史》[3]、《TPP與農林業．國民生活》[4]等等……從這些書名可以猜想內容都相當專業。

有些讀者看到農業書中心這樣的店名，或許就以為「這裡只有農業相關的專業書，這樣的書店對於對農業沒那麼感興趣的人來說，吸引力可能不大吧」。我要說，這種想像實際上脫離了農業書中心的眞正面目。

農業書中心的最大亮點是大量的農業、奶酪畜牧業、漁業有關的書，這一點是無可否認的。除此之外，書架上還能夠看到例如岩波少年新書系列的《沿著森林・山河追尋的德國史》[5]、圖片精美的食譜《鄉村裡還活著的「土樂」飲食與生活》[6]、《沖繩戰全記錄》[7]、《從十八歲開始的民主

1《日本農業新聞》，日本農業新聞發行

2《自由貿易下における農業・農村の再生》，高崎經濟大學地域科學研究所編，日本經濟評論社出版，二〇一六

3《佐賀農漁業の近現代史》，小林恆夫著，農林統計出版，二〇一六

4《ＴＰＰと農林業・国民生活》，田代洋一著，筑波書房出版，二〇一六

5《森と山と川でたどるドイツ史》，池上俊一著，岩波書店出版，二〇一五

6《里山に生きる「土樂」の食と暮らし》，福森雅武著，家の光協會出版，二〇一六

7《ＮＨＫスペシャル 沖縄戦全記録》，ＮＨＫスペシャル取材班著，新日本出版社出版，二〇一六

主義》[8]、《全世界最窮的總統：穆希卡的演講》[9]、《吃燒烤之前——繪本作家訪問食肉職人》[10]等，圍繞在反戰、反貿易協定、環保、民主等廣泛議題的書，呈現出它對日本社會的深厚關懷。

總之我覺得農業書中心的選書風格在農業類和其他類之間保持絕妙的平衡，打造一個獨特的閱讀空間，使那些對農業本來感到陌生的人也一定能夠在這裡找到適合自己閱讀嗜好的書。如果有些人因店名將農業書中心判定爲不值得造訪的書店，我覺得那實在太可惜。我心裡湧上一股「我非得大力推薦這家書店不可」的衝動，隔天便聯絡店長，問一下能否接受採訪，好心的他爽快地答應我。

”為實現「向都市人傳達農業的魅力和樂趣」、「大都會中打造支持農業的根據地」等荒井店長上面提到的目標而做出的種種具體實踐，呈現於農業書中心的每一個角落“

農業書中心目前有兩位正職員工，荒井操店長和谷藤律子女士。首先要說明農業書中心是由一個名喚「農山漁村文化協會」的文化團體來經營。農文協以繼承並普及日本的農業文化爲主要目標，出版很多農業和山村、漁村文化有關的書。一九九四年農業書中心在東京大手町的JA大廈內開張，二〇一四年才搬到神保町。農業書中心自一九九四年以來在JA大廈總共營業二十年的時間，為什麼二〇一四年的時候決定搬到神保町呢？荒井店長說：「我們一直以來致力於向都市人傳達農業的樂趣和魅力，促進農民和都市生活者之間的交流，但在JA大廈的時候，由於地段的緣故，大部分客人都是業內人士以及農林團體的職員，其他領域的客人實在不多。我們之所以搬到到神保町，是希望藉此機會在大都會裡也打造支持農業的基地。」

為實現「向都市人傳達農業的魅力和樂趣」、「大都會中打造支持農業的根據地」等荒井店長上面提到的目標而做出的種種具體實踐，呈現於農業書中心的每一個角落。例如我第一次拜訪的那天，農業書中心呼應著聯合國制定的國際土壤年（二〇一五年）而在店裡舉辦「養育生命 土壤與肥

8《18歳からの民主主義》，岩波新書編集部編，岩波書店出版，二〇一六

9《世界でもっとも貧しい大統領 ホセ・ムヒカの言葉》，佐藤美由紀著，双葉社出版，二〇一五

10《焼き肉を食べる前に。——絵本作家がお肉の職人たちを訪ねた——》，中川洋典著，解放出版社出版，二〇一六

料」書展，以便推廣肥料和土壤對人類生活的重要性。平臺上秀面陳列著《綠肥作物 充分使用讀本》[11]、《所有人都能做到的土壤診斷的讀法與肥料計算》[12]等從不同角度談論土壤與肥料的書。平臺最上面還有《農業技術大系 土壤施肥編》[13]總共八卷，那厚厚的一套叢書屹立的樣子讓書展散發出某種莊嚴的氛圍。農業書中心以這樣的書展給客人提供關於農業的種種諮詢，並幫他們了解當下的農業世界中所流行的議題，積極擔任都市人窺看農業世界的窗口。

另外一場農業機械書展也別具特色，就是展出農具和農業機械有關的書，譬如《昔日農具系列》[14]介紹鋤頭、犁、臼等傳統農具的用途和用法，《重機完全手冊》[15]則以豐富的圖片介紹種種造型獨特的現代農業機械。我輕鬆翻一翻那些書就想：「喜歡機械的小朋友，就算不太懂字，也一定會深深著迷於書中介紹的那些農業機械。」不僅大人，小朋友也能夠在農業書中心找到自己喜歡的東西，獲得接觸農業的契機。

”即使家裡沒有大庭園也沒關係，那些小豆只要有一坪大小的土地就會長大。盒子上面還看到這些豆子的販賣者舉起的口號：「大家成為一粒農民吧！」“

農業書中心除了以書來刺激客人的求知欲以外，還販賣一些食物來刺激客人的食欲。舉例說，在店裡銷售東京蜜蜂研究會（東京ミツバチ研究会）生產的「東京蜂蜜」。他們在東京各地設置蜂箱飼養蜜蜂。其實農業書中心本身也在店裡陽臺上飼養蜜蜂，甚至辦過小朋友可以參加的採蜜體驗活動。客人在農業書中心不僅吸收農業的知識，在此還會有機會體驗它，品嚐農業給我們帶來的種種收穫。

我結帳時在櫃檯旁邊看到一個盒子，裡面有很多小包裝，我仔細看一下就發現那些小包裡面的東西是黑豆、大豆、南瓜、紫蘇等各種農作物的豆子。我們將這些豆子撒在自家的庭園中，就可以試試培育農作物。即使家裡沒有大庭園也沒關係，那些小豆只要有一坪大小的土地就會長大。盒

11《緑肥作物　とことん活用読本》，橋爪健，農文協出版，二〇一四
12《だれにもできる土壌診断の読み方と肥料計算》，全国農業協同組合連合会肥料農薬部著，農文協出版，二〇一〇
13《農業技術大系　土壌施肥編》（全八巻十一分冊），農文協編，農文協出版，二〇〇〇
14《シリーズ昔の農具》（全三巻），小川直之、こどもくらぶ編集部著，農文協出版，二〇一三
15《重機パーフェクトマニュアル》，地球丸發行，二〇一一

子上面還看到這些豆子的販賣者舉起的口號：「大家成爲一粒農民吧！」埋在店裡每一個角落的種種商品都引起客人們自己實踐農業的衝動。

”談及農業書中心對和平主義的關懷，就不能不提每年六月二十三日舉辦的座談。六月二十三日是沖繩縣的慰靈之日“

農業書中心以書本和其他相關商品來推動農業文化的同時，也長年非常努力地向廣大市民推廣和平主義精神，開頭提到的「SEALDs書展」非常清楚地證明了這一個特點。去年谷藤女士在尋找書展主題的時候，正好得知SEALDs正在爲書店選書的消息，她覺得這是個絕好的機會，就將那些SEALDs在網路上推薦的書訂進來，而舉辦SEALDs書展。剛好那時荒井店長參加某一場書籍展銷會，帶回一些SEALDs製作的標語牌。谷藤女士看到那些上面印有「PEACE NOT WAR」等口號的標語牌便想：「書展期間，應該將這些標語牌送給客人吧。」但由於數量有限，書展開始不久，很快就全都送完。谷藤女士於是找到SEALDs在網路上公開並鼓勵大家使用的標語牌圖片，把它們列印出來，用護貝膜自己動手製作標語牌。二〇一五年九月，她在臉書上寫道：「若你今晚去國會之前可以來農業書中心，我們免費送給你一張SEALDs製作的標語牌！」沒想到這條短短宣言的分享次數超過一百次，出現好多像我這樣下完班去國會的路上先到農業書中心拿標語牌的人。「因這一場標語牌贈送活動而第一次來農業書中心的人也不少。」谷藤女士說。

談及農業書中心對和平主義的關懷，就不能不提每年六月二十三日舉辦的座談。六月二十三日是沖繩縣的慰靈之日。第二次世界大戰末期的一九四五年三月底，美軍開始進攻日軍防備的沖繩島嶼群，從此長達三個月的戰役中二十萬以上的人死亡。其中大約九萬四千陣亡者是士兵以外的一般縣民，這個數字大約是當時沖繩人口的五分之一。戰後，沖繩縣政府爲了那場戰役中喪生的所有人謹表哀悼之意，將日軍結束組織性反抗的六月二十三日制定爲沖繩的「慰靈之日」。每年一到這一天，縣內各地舉行悼念活動。

農業書中心也爲了繼承沖繩戰役的記憶，從歷史中汲取教訓，並與大家一起思考美軍基地問題等沖繩現在所面臨的種種挑戰，搬到神保町以來，每年六月二十三日的晚上舉辦以沖繩爲主題的小小座談。二〇一六年的講者是資深記者安田浩一，他藉著長年在沖繩進行採訪的經驗，分享沖繩的媒體環境，探討那些「沖繩的媒體太偏左，只報導美軍基地問題」的批評聲是否合理。同時自五月起在店裡開始舉辦「了解沖繩書展」，展出圍繞在沖繩戰役、美軍基地、民主、和平運動等議題的書。

”「和平運動等於農業」，我認為這樣說也不為過。戰爭中不可能安安心心地種田對吧，換句話說，若想好好種田，首先要打造一個沒有戰火，可以安穩生活的社區共同體“

SEALDs書展也好，沖繩的慰靈之日舉行的座談以及同時舉辦的「了解沖繩書展」也好，農業書中心的選書風格、活動、書展主題都明確表露出積極推廣和平主義精神的決心。以農業、園藝、食物爲主題的專業書店爲什麼要花這麼多的力氣來強調和平的重要性？

荒井先生解釋說：「農民自古以來總是被當權者壓迫的階層，但其實他們不應該被這樣對待的。農民在自己所屬於的土地上生產農作物，並把它分配給大家，可見他們在社會中發揮的作用實際上很大，他們在社會中應該承擔受尊敬的角色。再說不遠以前全世界的大部分人口都是農民嘛，我們每一個人先要好好正視這些事實，再以此爲共識來建立人與人之間的連結，以便打造更好的社會。從這個意義來講，『和平運動等於農業』，我認爲這樣說也不爲過。戰爭中不可能安安心心地種田對吧，換句話說，若想好好種田，首先要打造一個沒有戰火，可以安穩生活的社區共同體。若要做農業，就得同時愛護並推動和平，我們在這樣的理念下經營農業書中心。」

目前日本經常辦活動的書店多的是，不過我總覺得，像農業書中心，在活動中主動關注具體的社會議題並明確表達自己的立場，這樣的書店還眞不多。我想這可能與彌漫於日本社會的某種氣氛有關：就是若你在公共場合對某一個較敏感的社會或政治議題表達自己的看法，或在生活中向外顯露意識形態上的傾向，別人會給你貼上某種標籤，甚至可能會以帶有偏見的眼光看待你。農業書中心在這樣的社會環境中，總不退縮，而在敏感議題上透過書和活動正正堂堂地表達自己的立場，推廣自己所相信的價値。對我來說，農業書中心的這種態度就是它的核心價値，也是在日本書市中相對缺乏的寶貴精神。

”現在的日本，無論年輕人或已退休的中老年，對農業產生興趣而自己也嘗試種田的人越來越多，他們想度過一種貼近農業的生活“

搬來神保町以後荒井店長和谷藤女士協力付出的努力逐漸有了成效，現在客人的背景很明顯地更加多樣化了。荒井店長如此解釋目前的情況：「我們在JA大廈時，大部分的客人都是在農業這個行業裡面工作的人，但搬來神保町後，那種沒有把農業當做自己職業的、非專業的客人確實增多。」荒井店長又告訴我，現在的日本，無論年輕人或已退休的中老年，對農業產生興趣而自己也嘗試種田的人越來越多，他們想度過一種貼近農業的生活。這讓我想起臺灣的情況，就跟荒井店長提及，現在臺灣也有不少年輕人重新從事農業。他接著又告訴我說，現在農業書中心的客人當中有不少來自臺灣、中國、韓國等東亞地區的客人。他述說：「我記得某一天有一個來自臺灣的旅遊團來這裡，總共有四、五個人。他們的導遊特地將農業書中心排在他們的行程中呢。」谷藤女士也說：「我也接待過來自臺灣的年輕農業實習生呢，他們總共有十幾個人。」荒井店長看著電腦螢幕又一一列出最近拜訪的外籍客人：「最近的話⋯⋯四月有來自臺灣的客人，他們都是學生；三月來的也是臺灣人，是一對父女，從事茶葉的進口事業，購買好多跟茶有關的書籍。另外一位臺灣客人說，他是爲參觀一年一次的神保町古本節而特地來日本的，甚至告訴我們他在臺灣透過紀伊國屋書店買農文協的出版品。」可見農業書中心的名聲遍及國外，在很多東亞各國的農業愛好者心目中，農業書中心已成爲有機會來東京就必訪的聖地。

”一九九〇年代初，小書店倒閉潮首先襲捲日本各地的農村。長年為村民服務的那些社區書店一家一家地倒閉。當時農文協作為一個提升農村的文化水準為使命的團體，當然不能忽視全國各地的村民失去閱讀機會的處境“

農業書中心能夠吸引世界各國的農業愛好者，我自然相當佩服農業書中心的這種成就。不過荒井店長說：「哦，農業書中心確實可能是世界上唯一的以農業爲主題的綜合專業書店，特地拜訪我們的外國客人不少，但是我們當初之所以決定開書店是因爲想要爲日本的農民服務。」他向我講解農業書中心成立的緣由。

現在書店從日本各地的街頭漸漸消失，已經是種無法否定的趨勢，各種媒體上頻繁看到關於這個問題的討論，但對於住在偏遠地區的人們來說，這種問題從更早以前一直存在著。一九九〇年代初，小書店倒閉潮首先襲捲日本各地的農村。長年爲村民服務的那些社區書店一家一家地倒閉。當時農文協作爲一個以提升農村的文化水準爲使命的團體，當然不能忽視全國各地的村民失去閱讀機會的處境。爲了解決這個問題，農文協決定自己開一家書店，負起給那些村民提供書的責任。一九九四年農業書中心誕生，其背後有這種書市環境的變化。剛成立時採取郵購方式，就是生活在農村的客人向農業書中心訂自己想看的書，農業書中心隔天以快遞把此書寄到客人家。現在則有網路書店名爲「鄉村本屋」（田舎の本屋さん），客人只要提前繳交一年一千一百塊（含稅）日圓的會員費，就可以在免運費的條件下無限制地訂書。荒井店長說：「雖說我們希望更多都市人對農業產生興趣，也願意爲此做出具體的行動，但我們一直以來積極承擔在農村打造良好的讀書環境，提升日本農村的整體文化水準等使命。開書店也是以具體行動來擔負這個使命的其中一個實踐。」

”向農民們學習，要把他們自古以來擁有的技術好好繼承下去“

農文協的職員們常常跑去全國各地的農村，向各地農民推銷書的同時，聽取他們的農業技術和生活文化，將內容記錄下來，再傳回給農民。在農業書中心隨便拿起農文協的出版品翻一翻，就能夠深深感受到那種「向農民們學習，要把他們自古以來擁有的技術好好繼承下去」的精神。

農文協出版的雜誌中有一本月刊雜誌，名爲《現代農業》[16]，二〇一六年八月號的專題是「用海藻，田地變得活生生」（海藻で田畑がノリノリ），就是採訪大分縣、宮崎縣、廣島縣等地的農民，聽聽他們用海藻當成肥料並施於田地上的經驗和其帶來的效益，以便給讀者介紹用海藻做的肥料對農作物產生的正面作用和施肥方式。其中一對夫妻在大分縣栽培柚子，他們在採訪中說，開始用海藻來替代農業和化學肥料後，柚子的糖度竟然提升，害蟲造成的破壞也減少。

16《現代農業》，農文協發行

還有另外一本料理雜誌名爲《Ukatama》[17]，也是由農文協出版。二〇一六年夏季號的專題則是「美味鄉土料理【夏季卷】」（おいしい鄉土食【夏の卷】），開頭中記者宣明：「自昭和時代結束，過了二十七年的現在，我們抱著『若現在沒有好好做記錄，鄉土料理可能會從我們生活中消失』的心態，而到各地，挖掘本地人通常吃的鄉土料理。」譬如介紹廣島縣甘日市的鯛魚掛麵、愛知縣稻澤市的蘘荷饅頭、廣島縣廣島市沼田地區的一合壽司……等等，精美圖片與精緻的文字引起讀者的食欲，亦幫讀者重新認識日本鄉土料理之豐富和多樣性。荒井先生說：「我認爲農業大概有兩種技術，一是從上而下傳達下去的科學技術，二是自古以來一直存在於農民生活中的傳統技術。農文協在做的就是挖掘後者的技術，把它以文字的形式與大家分享。」無論是《現代農業》或《Ukatama》，荒井店長說的這句話所蘊含的精神貫穿於我在農業書中心看到的所有出版品。

農業書中心最深處的書架上陳列著一整套叢書名爲《日本農書全集》[18]。這系列總共七十二卷，收錄江戶時代的農業史料，來源遍及全國，最北是北海道，最南則是沖繩八重山群島。每一卷都藏著日本農民自古以來一步步積累的傳統農業技術和知識，史料價値非常高，所有日本的農業書當中這無疑是經典中的經典。《日本農書全集》畢竟是江戶時代的史料，要看懂內容需要耐心，而且價錢也不便宜，平時把它買走的客人應該不多，但即使農業書中心的其他書被更換，《日本農書全集》卻一直聳立在同一排書架上，絕對不會從店裡消失。我站在那一排書架前，眼看著那一套書填滿整排書架的壯觀風景，不禁想，農業書中心所舉起的目標：「記錄並繼承農民在自己的生活中慢慢培育的農業技術和生活文化」，確實活生生地體現在這套總共七十二卷的大叢書上。

”那些世世代代生活在日本這塊土地的農民，他們的靈魂以紙本書的形式繼續活在農業書中心的書架上“

「日本農書全集」七十二卷裡面，包含了一六九七年出版的一套叢書，名為《農業全書》[19]，荒

17《うかたま》，農文協發行。作者註：根據官網上的說明，這本雜誌的名字是借用了食物之神「宇迦御魂神」（ウカノミタマノカミ，發音為 ukanomitamanokami）的名字。雜誌官網：http://www.ukatama.net/about.html

18《日本農書全集》（全七十二卷），農文協出版，出版年不明。作者註：此全書共花了廿四年才完成全集出版

19《農業全書》（全五卷），收錄於《日本農書全集》第十二卷，宮崎安貞著，農文協出版，一九七八

井店長一邊介紹這套日本最古老的農書，一邊告訴我說：「你知不知道演員菅原文太？我們還在JA大廈的時候，他是農業書中心的常客，二〇一四年他過世後，有個媒體報導說他生前自己從事農業時愛讀這套《農業全書》，聽說他甚至將此書看做農業聖經一般的神聖之物。」

一九三三年出生的菅原文太在一九七〇年代出演一系列黑道電影而成名，知名度到現在也不褪色，可以說只要是四十歲以上的日本人，大部分都應該至少聽過他的名字。二〇〇九年他結束演員生涯後，到東京北部的山梨縣，開始用有機方式栽培各種蔬菜。他當時常到農業書中心，買很多自己種田時可以參考的資料。再加上二〇一一年發生的東日本大地震引起福島核電站事故爆發後，他明確表態反核的立場，並積極參與各種和平運動，對自民黨修改憲法的企圖不斷發出堅決反對的聲音。

我聽完菅原文太與農業書中心之間的因緣，就想起二〇一四年十一月一日，他過世前大概一個月在沖繩做的一場演講。我每次看那一場演講的錄影，心中總是充滿了感動，眼睛會一點點濕潤。對我來說，他那天在舞臺上說出的話都是獻給所有日本人的生前最後鼓勵，亦是警告。他說：

「我認爲政治有兩種任務。一是不讓國民挨餓，給國民提供安全的食物。第二，這是最重要的，就是絕對不發動戰爭！」我覺得這句話以及菅原文太晚年在山梨縣做有機農業的實踐都呼應著荒井先生和谷藤女士在採訪中以各種說法提倡的理念。他們都深深了解農業在社會中的重要性，而致力於將日本農民的技術和生活文化傳承給下一代，同時從「絕對不該讓戰爭再次發生」的使命感出發，大力推動和平主義精神。從這樣的意義來講，農業書中心在某種程度確實承載著包括菅原文太先生在內的日本農民的精神，換句話說，那些世世代代生活在日本這塊土地的農民，他們的靈魂以紙本書的形式繼續活在農業書中心的書架上。

我這麼想著，自己對農業書中心的看法也改變了：在我心目中它已經不單是販賣農業書的專業書店，更是日本社會中不可或缺的神聖空間。這樣說或許聽起來有點誇張，但採訪結束後，我確實抱著如此的感受走出農業書中心。

1

2

1 農業書中心以各種方式積極擔任都市人窺看農業世界的窗口。

2 在敏感議題上透過書和活動正正堂堂地表達自己的立場，就是農業書中心的核心價值，也是在日本書市中相對缺乏的寶貴精神。

3

4

3 當時店內正舉辦 SEALDs 書展。

4 爲了繼承沖繩戰役的記憶，每年六月二十三日的晚上會舉辦以沖繩爲主題的小小座談，並於五月起在店內舉辦「了解沖繩書展」，展出圍繞在沖繩戰役、美軍基地、民主、和平運動等議題的書。

店長荒井操（Misao ARAI）先生
店員谷藤律子（Ritsuko TANIFUJI）女士

農業書中心（農業書センター）

地址｜東京都千代田區神田神保町 2-15-2
第一富士大廈（第一富士ビル）三樓
電話｜03-6261-4760
營業時間｜周日定休，周一至周五 10：00-19：00，
周六 11：00-17：00
經營書種｜與農業有關的書
開業年分｜一九九四年

官網｜http://www.ruralnet.or.jp/avcenter
推特｜https://twitter.com/doburockman

造訪紀錄

二〇一五年九月
第一次拜訪，領取 SEALDs 標語牌

二〇一六年六月二十五日
進行採訪

完稿日期

二〇一六年七月
完成初稿

二〇一九年二月
增修部分內容

MAIN TENT 繪本屋（メインテント）

無法使得小朋友興奮不已的繪本屋就沒有存在的意義

店名小故事

店主 **CHITO** 先生除了當街舞老師以外，還從事舞臺表演製作。一般的舞臺作品，演出期間結束以後，所有道具和設置都被拆掉。無論付出多少心血和時間把一個作品創作出來，它最後都無法逃脫煙消雲散的命運。他一直對此感到可惜，而開始想要「打造不會消失，永久存在的東西」。這種期望就是驅使他開書店的主要動力之一。**MAIN TENT**（主帳篷）這店名具有一種不移動的馬戲團的概念。馬戲團表演通常在帳篷裡舉行，演出結束後，他們拆卸帳篷去下一個地點。**MAIN TENT** 繪本屋與此不同。它扎根於吉祥寺的小巷裡一直等待客人的來臨，而裡面的舞臺上進行的表演永不會結束。

書店內的書架選用品質高價格昂貴的天然木板，因爲 CHITO 先生認爲：「歷時好幾個世代傳承下來的繪本，只有這樣的木板能撐得起重量。」

”您找的那一本書，我找到了。請您有空時來店裡拿“

去年（二〇一五年）三月的某一天我媽突然開口說：「吉祥寺開了一家新的繪本屋叫MAIN TENT。你去過沒有？」她這幾年有個習慣，就是逛舊書店時，看看兒童書區有沒有那些我和我弟小時候愛讀的繪本。她在這種尋找繪本的旅途中認識了MAIN TENT。第一次拜訪的那天，她向站在櫃檯裡面的店主問說：「這裡有沒有片山健畫的繪本《肚子餓扁了》？」，那是我弟小時候百讀不厭的經典繪本。店主回我媽說：「現在沒有，但我可以找一找，若能找到就會通知您。」找一本絕版已久的書本來就不容易，於是我媽覺得不必抱著期待等待，但幾天後她竟然接到店主打過來的電話，他說：「您找的那一本書，我找到了。請您有空時來店裡拿。」《肚子餓扁了》在日本是一九八一年出版的，在舊書市場上的流通量應該不多。我不知道他到底利用哪一條管道找到它。總之，MAIN TENT的店主替客人認眞找書的態度觸動我的心弦，覺得自己也要親自拜訪它，想要知道它是一間什麼樣的二手書店。

MAIN TENT位於吉祥寺的小巷，離JR吉祥寺站稍微有距離，步行大概需要十分鐘。周圍是安靜的住宅區，人流不多。MAIN TENT的門口處躺著兩隻龐大動物，牠們看起來是一對獅子，使得我有點害怕。我戰戰兢兢地繼續走近門口才發現那其實不是真正的獅子，而是獅子的玩偶。我踏進店裡才知道，這裡不僅有獅子，也有貓、狗、鸚鵡等各種動物的玩偶。店左側的書架上秀面陳列各式各樣的繪本，從它們的封面可以猜到，現在舉辦以海洋與夏天為主題的書展。我隨便把陳列在書架上的一本書拿起來，很意外地發現此書的後面藏著小玩偶。可見這家繪本屋到處隱藏著多種祕密等著被客人揭開，真是一個挖寶樂趣極豐富的空間。右側的牆壁上則掛著兩三幅彩色鮮艷風格獨特的畫，旁邊有介紹說這都是店主和他妹妹共同製作的作品。這家書店似乎把繪本的世界直接帶到現實裡面，讓我覺得其空間本身就是現實與非現實的交錯處。

"「為何像你這樣的資深職業街舞家決定開二手繪本屋？」「最近有人問我這個問題，我總是會說『因為我想要能夠永久留下來的東西』。」"

我在店裡找到一部美國電影的小小宣傳單，片名是《Wild Style》[1]。這部以一九八〇年代美國年

1《Wild Style》，Charlie Ahearn導演，First Run Features發行，一九八三年上映

輕人街頭文化爲主題的劇情片，鮮活地描繪出美國嘻哈文化黎明期的風景。全世界的嘻哈迷心目中《Wild Style》是一部不可錯過的作品。我忍不住問自己：「嘻哈文化和兒童書之間到底有什麼關聯呢？」我好想向店主直接問一下：「您爲什麼在店裡放《Wild Style》？」我想先買一本書，結帳時順便跟店主聊一聊。問題是我平時幾乎不買繪本，不知道該選哪一本。最後我從自己相對熟悉的谷川俊太郎的著作中，隨便抽出一本，並把它帶到櫃檯。我問店長說：「在這裡看到《Wild Style》的宣傳單有點不可思議。」他回我說：「啊其實我的正職是街舞家，我每天打烊後去舞蹈教室教街舞。」啊原來如此！

MAIN TENT應該是日本唯一的由職業舞蹈家經營的繪本屋吧。這位店主的名字是富樫CHITO（富樫チト）。這個一般日本人眼中看似奇妙又相當有個性的名字是熱愛兒童書的父母給他取的，源自於法國的童話故事《綠拇指男孩》[2]的主人公「CHITO」。CHITO先生在富士山腳下的大自然中長大，童年時期沉溺於植物畫、讀書和空想。他在高中時迷上街舞，就讀大學期間開始職業街舞家生涯迄今，一直從事舞臺演出、舞蹈動作設計、舞蹈教練、伴舞者等圍繞在舞蹈的種種事業。

我在此有機會採訪CHITO先生這樣的一個人物，首先想到的問題當然是：「爲何像你這樣的資深職業街舞家決定開二手繪本屋？」CHITO先生以緩慢卻堅定的語氣說：「最近有人問我這個問題，我總是會說『因爲我想要能夠永久留下來的東西』。」能夠永久留下來的東西？這句話藏著什麼樣的意涵呢？

CHITO先生是一個熱愛舞臺劇與劇場的人，他自己多次擔任過舞臺製作計畫。他從事舞臺製作，有時花半年以上的時間完成準備工作。不過就算花費那麼多時間與精力，實際的演出期間最多只有幾個星期，演出結束後，不管是付出多大心血創造的作品都像是不斷移動的馬戲劇場從眼前消失無蹤。

他說，舞臺劇可以被形容成從現實進入非現實的過程。他想要把只有觀賞舞臺劇或在舞臺上跳舞

2 作者註：《綠拇指男孩》的法文原文爲《Tistou les pouces verts》，一九九〇年動漫版於日本上映時，譯爲《チストみどりのおやゆび》，而岩波少年文庫版裡面，則將主角的名字寫成チト（CHITO）。

的那瞬間能夠進入或展現在眼前的非眞實世界永久留下來。如果要在現實中把這個想法實踐出來，就需要連結現實與非現實的媒介。對CHITO先生來說那個媒介就是書，尤其是繪本和兒童書。他說：「我認爲繪本和兒童書就像連結現實與非現實的入口。我想以陳列那些通向非現實之門（繪本和兒童書）來營造某種在現實與非現實的間隙中存在的空間。」

當時還不太熟悉日本書市的CHITO先生自然想：「在日本專門賣繪本和兒童書的書店是不是很少？我自己開一家來彌補那空白地帶好不好？」而在電腦上打「繪本」、「本屋」這兩個單詞Google一下，結果螢幕上出現好多繪本屋的名字。他本來想做沒有人做過的事情，但卻得知日本這塊土地上已經有那麼多繪本屋，心裡受到一點點打擊，心中剛剛萌芽的繪本屋之夢稍微枯萎下去。不過在心中已經燃起的火焰一直沒有完全消滅，他爲舞蹈的工作跑遍全國各地之際，還是繼續逛當地的二手書店蒐集繪本。家裡的書就這樣越來越多，當時拜訪他家的朋友也感嘆著說：「你的家眞像是一家店呢！」藏書多到這樣的地步，他心中的火焰就重新燃起來，最後還是決定爲實現當初的目標而行動起來。於是二〇一五年二月MAIN TENT正式開幕。

”如果我有過人之處，那應該來自於我看過店裡所有書的事實，而且我這個人的精神本身由店裡的書來組成“

CHITO先生坦白承認，他當初想要的是一個具體的空間，至於其型態，籌備期間考慮過繪本屋以外的可能，不過最後還是選擇開繪本屋。他說：「如果我有過人之處，那應該來自於我看過店裡所有書的事實，而且我這個人的精神本身由店裡的書來組成。我意識到這一點就確信自己有能力保證給客人提供『眞東西』。」

CHITO先生的媽媽是一個瘋狂的繪本迷，CHITO先生剛出生還無法用語言溝通時，她心裡已經湧起盡快將自己喜愛的繪本講讀給兒子的強烈渴望。給這樣的一個母親養大的CHITO先生從小讀過大量的繪本與兒童書。而且他跟像我這樣的人不同，長大後也依然保持看繪本的習慣，甚至主動把從那些故事中得到的靈感應用於舞蹈和舞臺劇製作上面。

前述所說的「眞東西」，換句話就意味著「高品質的東西」。他在經營MAIN TENT的所有方面都要求自己給客人提供他心目中的最好，這一點上他不允許自己做任何妥協。這種嚴謹態度涉及的範圍不限於書，也包括店的設計。他曾經在筆記本上寫下這樣的一句話：「無法使得小朋友興奮不已的繪本屋就沒有存在的意義。」他自己逛其他繪本屋時腦海中偶爾出現疑問，譬如：「繪本收藏家一定會很開心在此挖寶，但小朋友來這樣的地方也會很高興嗎？」他不希望單純地模仿那些現有的繪本屋的造型，而想打造一個能夠使得踏進來的小朋友忍不住尖叫：「哇！好玩哦！」的空間，同時希望其造型能夠超越一般人所想像的繪本屋形象。「我覺得好多繪本屋的空間是圓型，試圖產生一種可愛溫柔的氛圍，但對我來說，書架上有好多繪本和兒童書，這樣就已經夠可愛。所以我在店裡澈底排除圓圓的東西。你看MAIN TENT的標語設計也是嘛，尖尖的帳篷。」

CHITO先生跟我這麼說，我再一次環視周圍，店裡確實沒有任何圓圓的東西。

CHITO先生對「真東西」的執著貫穿於店裡每一個角落，書架的材料也如此，他特地選擇品質高價格卻昂貴的天然木板，因爲他認爲：「歷時好幾個世代傳承下來的繪本，只有這樣的木板能撐得起重量。」他就這樣花了大量時間、精力和金錢而構思並完成開店工程。他回顧一下那些日子而苦笑著說：「我眞傷透了腦筋，那段時間我甚至在夢中也被書店的事困擾著。而且我的確花了很多錢，不知道到底什麼時候能拿回最初投入的資金呢。」

”我無法接受沒有《不不幼兒園》的繪本屋“

那麼CHITO先生在書的方面用什麼樣的方式試圖給客人提供「真東西」呢？店裡有個以作者分類的書區，陳列布萊恩．懷德史密斯、比內特．施羅德、片山健、長新太、五味太郎等十幾位國內外著名繪本作家的作品。我很好奇他在龐大的繪本世界中是以什麼標準選拔那十幾位作家。我問說：「他們都是你喜歡的作家嗎？」他的回答則是：「其實不能說都特別喜歡。」那些作者當中他非常喜歡的和其實沒有特別感覺的都有，但無論如何，他至少認同他們都是非常好的繪本作者。他說：「希望每一個家庭至少收藏這排書架上的每一位作者的其中一本書。我抱著這樣的期望而打造這塊以作家的名字分類的書區。」

CHITO先生告訴我，他家裡的書架上無論什麼時候總有十本左右《不不幼兒園》。《不不幼兒園》是中川李枝子寫作、大村百合子繪畫的日本兒童文學中的經典。對他來說，所有日本兒童文學作品當中，《不不幼兒園》是基本中的基本，所以它是MAIN TENT書架上不可以缺少的一部作品。他說：「我無法接受沒有《不不幼兒園》的繪本屋。」他腦海中存在的「必備兒童文學書單」還包括《納尼亞傳奇》、《地海六部曲》等作品。這就是CHITO先生給自己的要求，無論客人什麼時候來訪，店裡的書架上都必須有這些作品。MAIN TENT是一家二手繪本屋，而不是新書店，缺少某一部作品時，不能直接跟出版社或經銷商聯繫而補貨。他家裡的那十幾本《不不幼兒園》是他用自己的腳透過收書、參加拍賣會或逛其他二手書店等多種管道一本一本蒐集起來的。CHITO先生為維持「該有的作品齊全」的狀態付出的努力，讓我心裡不禁起了對他的敬畏之念。他說：「我覺得，這種固執的意志推動我硬著頭皮找那些作品，為的是堅守作為一家繪本屋的尊嚴。」MAIN TENT的空間本身很獨特，店內設計等書以外的因素也有獨一無二的個性，但訪談中我印象最深刻的果然是CHITO先生作為職業繪本屋對書本身的認眞與不可妥協的態度。

"他玩累的時候，說不定會將視線轉向MAIN TENT的書架，那瞬間來臨之際，我希望自己能夠給他展現真正好的繪本和兒童書"

CHITO先生之所以這麼努力地蒐集繪本，是因爲他希望自己能夠給來訪的小朋友提供「眞東西」，但他同時坦然說：「我沒有『小朋友應該多看書』那種想法。」他給我講某一天一對母子來店時的情節。店裡有一塊書區，陳列跟恐龍有關的書和恐龍模型。母子倆走進來，小朋友很快被那些恐龍模型吸引，便把它們拿起來玩。他媽媽看到他迷上恐龍模型，卻對店裡的書一點興趣也沒有的樣子，就有點不高興，而對兒子說：「別一直跟恐龍模型玩，你好好看書！」CHITO先生觀看著母子之間發生的這種互動就想：「在這裡不看書也可以啊。」他認爲：「小朋友不是爲了成爲大人而活，他們度過自己的童年，活在屬於自己的當下，童年不是成爲大人的準備期，如果小朋友對眼前出現的東西產生興趣，那他可以先好好熱衷於它，沒必要逼迫自己看書，但他玩累的時候，說不定會將視線轉向MAIN TENT的書架，那瞬間來臨之際，我希望自己能夠給他展現眞正好的繪本和兒童書。」CHITO先生之所以每天努力收書，整理書架，爲的是實現這種純粹的願望。

”大人和小朋友遇到繪本，遇到節奏口技，遇到即興表演，遇到真正的節奏，最後遇到Hip-Hop，真是一場富有臨場之感的活動。謝謝大家的支持！“

日本很多繪本屋在店裡舉辦繪本講讀會，以便給小朋友提供接觸繪本的機會，促進他們對閱讀產生興趣。CHITO先生經營一家繪本屋，也想過辦類似的活動，但他畢竟是長年在街頭文化圈活躍的街舞家，對現有的繪本講讀會模式有意見：「這樣說或許聽起來有點不對勁，但我身為一直混在街頭文化最前線的人，對那種溫馨的東西偶爾抱有一點點不自在之感。所以當時我想如果在店裡要辦活動，希望能夠呈現出更尖銳，更前衛一點的東西。」

CHITO先生有一個嘻哈文化圈的朋友AFRA先生，他是日本的著名節奏口技（BEATBOX）家，也非常喜歡繪本。熱愛繪本的街舞家和節奏口技家聚在一起很自然地達到一個共識，就是用節奏口技講讀一本叫做《咚！》[3]的繪本，應該會產生非常特別的效果。這本繪本是由著名爵士鋼琴演奏家山下洋輔寫作、長新太繪畫的作品。他們有了這種想法後，毫不猶豫地進行籌備，而二〇一五年十月終於辦成一場結合街舞、節奏口技、繪本講讀的活動「打開窗簾吧」（カーテンアケロ）。

YouTube上有那天活動的影像紀錄。掛在店中央的布幔被拉開，出現CHITO先生與AFRA先生。CHITO先生跟著AFRA先生的節奏口技跳起舞來。接下來AFRA先生打開《咚！》。這個故事中出現一個男孩和一個小鬼怪，他們都奮力打鼓，比一比誰的鼓聲更厲害。他們打起來的鼓聲引來男孩和小鬼怪各自的爸媽，大家打得更痛快，又引來各種動物，他們也加入打鼓隊伍的行列，最後無數打鼓聲融合在一起，奏起極其熱鬧的鼓聲交響曲。AFRA先生充分發揮他的節奏口技技術而奏出那些打鼓聲，用多彩多樣的聲色模仿貓、狗、豬、牛等不同動物的叫聲。AFRA先生的節奏口技實在太厲害，很有感染力，我看到有些在場的小朋友一邊聽一邊搖擺著身體打起拍子，甚至坐在電腦面前的我也無意間跟著AFRA先生用嘴巴打起的節奏微微動起身體來呢。那天活動結束，CHITO先生在臉書上寫道：「用舞蹈和節奏口技而進行的繪本講讀活動圓滿結束。大人和小朋友遇到繪本，遇到節奏口技，遇到即興表演，遇到眞正的節奏，最後遇到Hip-Hop，眞是一場富有臨場之感的活動。謝謝大家的支持！」

---

3 《ドオン！》，山下洋輔著，長新太繪，福音館書店，一九九五

今年（二〇一六年）四月辦了第二屆「打開窗簾吧」，這次報名人數更多，當天MAIN TENT的小小空間爆滿，有些觀眾只能站在門外，可見大家對它的關注度越來越高。CHITO先生說，最近開始收到一些邀請，就是在公民館或咖啡館等地方舉辦同樣的活動。結合街舞、節奏口技和繪本講讀的活動，是擁有堅實的嘻哈功底的人才能眞正做到的。換句話說，或許在世界上只有CHITO先生和AFRA先生有能力辦成這樣的活動，說得更誇張一點，觀眾那一天在MAIN TENT目睹了新的行動藝術誕生的瞬間呢。

”這個決定裡面我認為自己看到CHITO先生和AFRA先生對「真東西」的追求“

二〇一八年十二月二日，我終於有機會參加「打開窗簾吧」的現場活動。當天小小的店裡被觀眾塞滿，在場的小朋友都充滿活力，讓整間店變得非常熱鬧。我擠在狹窄的空間裡安安靜靜地等待，想像他們首先會講讀哪一本繪本，帶著期待心中說：「他們一定用很獨特的方式介紹一些我們沒有讀過的繪本吧！」

CHITO先生和AFRA先生先做簡單的自我介紹。然後CHITO先生緩緩地把一本繪本拿起來，讓AFRA先生講讀一遍。我看一下CHITO先生手上的那一本就有點驚訝，因爲那是包括我在內的無數日本人小時候都曾經看過的經典繪本《哇，不見了！》。《哇，不見了！》的開頭爲「不見了，不見了……啊！你看，喵喵，不見了，不見了……哇！」，其敘事結構極其簡單，但不限世代，日本無數小朋友都莫名其妙地深深迷上它，百讀不厭。它自一九六七年出版以來在日本總共賣了六百萬本以上，確實是日本現代繪本史上不可錯過的一本。儘管如此，坦白講，我還是不禁感到有點意外。我以爲他要介紹一本大部分的觀衆從沒聽過的繪本呢。

AFRA先生完全不用節奏口技技術，就跟一般人一樣，以普通的方式慢慢把《哇，不見了！》講讀給大家。讀完《哇，不見了！》，AFRA先生繼續講讀第二本、第三本之時，就慢慢開始發揮他節奏口技能力。譬如他用完全不同的聲色表演繪本中出現的兩個角色，或用口技模仿各種樂器聲與動物聲等等，效果眞的很驚人，使我們目瞪口呆。

中間我們有五分鐘左右的休息時間。第二部分的開頭，CHITO先生竟然又把《哇，不見了！》

拿起來，說：「同一本繪本，不同的人講讀，就能夠給大家不同的感覺。」而自己講讀起來，跟上一次一樣，沒用任何奇招，認認眞眞地講讀一遍。一場活動中將《哇，不見了！》講讀兩遍，我在場的時候搞不清楚他們爲什麼選擇這麼做。我甚至想像其他觀衆的心情而有點擔心起來。有些觀衆看了《哇，不見了！》好幾遍，在這裡又聽同樣的故事會不會感到厭煩呢？

"要是我的話，鐵定早就失去理智……"

我後來繼續思考他們爲何在一場活動當中特地把《哇，不見了！》講讀兩遍。他們畢竟是日本頂級的街舞家和節奏口技家，發揮他們所擁有的能力給觀衆帶來視覺和聽覺上的快感是家常便飯的一件事。不過他們卻決定用普通方式平平淡淡地講讀衆所周知的作品。這個決定裡面我認爲自己看到CHITO先生和AFRA先生對「眞東西」的追求。他們都對繪本文化有很深的了解，而盡量把其中的「最好」傳承給下一代。硬派嘻哈創作人都非常重視嘻哈文化的歷史和傳統，那麼在我看來，他們倆在豐富多彩的繪本世界裡堅持講讀《哇，不見了！》也是一種old school嘻哈精神的體現。

在活動中，好多小朋友無法保持安靜，他們一直在店裡跳來跳去。其中年紀較大的在CHITO先生和AFRA先生講讀繪本時候插嘴，年紀較小的則往上跳而試圖打掉CHITO先生手上的繪本。儘管如此，CHITO先生的情緒一直很穩定，沒有喝斥小朋友。我覺得他眞的很厲害，要是我的話，鐵定早就失去理智，大罵他們。我看到一個場面，就是小朋友不小心把礦泉水寶特瓶放在店裡賣的一本書上面，CHITO先生就用既溫柔又堅定的口氣對他說：「啊，你最好不要把礦泉水放在書上面，因爲這店裡，書的地位最高。」唉，如果看到書上有寶特瓶的是我，我想自己要麼會爲了克制住心中的怒氣而閉著嘴，要麼情緒失控而很激動地罵那個小朋友一頓。「因爲這店裡書的地位最高」，這樣的一句肯定說不出來。那個小朋友乖乖地把寶特瓶從書上拿起來，我則以仰慕的眼光看著CHITO先生的側臉，並在心中感嘆著說：「實在太帥了……。」

”我發覺自己呼吸漸漸變困難，但還是繼續跳，接著有一瞬間腦子裡聽到砰的一聲而失去意識……“

CHITO先生講讀的最後一本名爲《我是……》[4]，是芥川獎得獎作家藤野可織寫作，高畠純畫畫的繪本。故事裡，牛奶、蘋果、麵包等各東西作爲「我」出現，而他們通通被一個小朋友吃掉。他們被吞下去那瞬間都大叫：「啊，不要吃我！我不想從這個世界消失！」他們掉進小朋友肚子裡後，竟然發覺自己並沒有消失而感到不可思議似的小聲自語：「嗯？我還存在著呢！」作者在故事結尾裡讓「書」也登場，而透過簡單明瞭的文字和畫畫告訴我們，我們讀過的書，哪怕作爲物體的存在消失掉，它所承載的知識、思想還會繼續留存在我們的精神裡。

CHITO先生把此書講讀到最後，就說：「我第一次看這本書的時候，從心裡覺得這個故事清楚表達我的心聲。」然後跟我們分享他年輕時經歷的一場奇妙體驗。「那年我還二十幾歲。我在某一個地方跳舞。那時候放的音樂節奏比較快，我發覺自己呼吸漸漸變困難，但還是繼續跳，接著有一瞬間腦子裡聽到砰的一聲而失去意識。當時的感覺該如何形容呢？有點像自己變成無數的顆粒，散落於這世界的每一個角落裡。我有了這個體驗之後，自己的死生觀念慢慢產生變化。就是說，人是顆粒的集合體，那些顆粒從身體裡飛出去，人就死掉；但那些從身體散出去的顆粒又跟其他顆粒結合而組成新的生命。我知道，我們在人生中遇到讓人感到悲傷的事情，很多時候用道理來安慰是困難的，但儘管如此，我在那一場體驗裡所得到的感覺一直是支撐我在這世界活下去的核心觀念。」

CHITO先生把書闔上，昂起頭，我在他眼睛裡看到了淚光。活動圓滿結束，我在外面快要離開的時候，和CHITO先生的視線碰上，我頓時不知該怎麼形容自己第一次體驗「打開窗簾吧」後的感受，只跟他輕輕地說：「今天的活動，我非常喜歡。」他微笑著回說：「哦，是嗎？那就好了。」我回家的路上用一點點責備的語氣對自己說：「哎呀，我是不是把感想講得太過粗略？」但想來想去最後還是覺得沒關係。我自己清楚明白那一句「非常喜歡」不是客套話，而是誠心誠意說出來的。

4《ぼくは》，藤野可織著，高畠純繪，フレーベル館出版，二〇一三

”我首先要好好做一家「社區的書店」，竭盡全力給每一位客人提供好書，這一點是所有的基礎“

訪談中有一位看似六十歲以上的伯伯從外面走過來，向在店裡坐著的我們大聲說：「請問，這附近有沒有一家天婦羅蓋飯店？」CHITO先生很快站起來回答：「有，是在另外一條路！」那位伯伯道謝就匆忙離開，CHITO先生則坐下來說：「這家繪本屋眞的融入這個社區，每天遇到各式各樣的人。」他向我介紹一些開店以來遇到過的客人，譬如在附近的建築工地上勞動的工人忽然走進來，說想幫自己的女兒買一本繪本。也有位鄰居婆婆來到店裡要買一本送給孫女的繪本。甚至曾經有一位從東北來的客人，她的老家裡曾經藏有大量繪本，但它們在東日本大地震之際全都被海嘯沖走，煙消雲散。她來訪的那天對CHITO先生說這次特地拜訪MAIN TENT是因爲她想從這裡重新開始蒐集繪本。如果他沒有開MAIN TENT，而一直把自己埋在街頭文化圈，或許他根本沒有機會接觸這些市井人士。他用平靜溫柔的語氣說：「我開始做繪本屋後才有機會與那些來自不同地方或圈子的人交流，從此得到某種與社會終於有了連結的感覺，這種感覺是在街舞圈的時候很少有的。」他想要好好珍惜並培養這種在開繪本屋的過程中獲得的連結，因此要盡量做一家門檻低、與社區結合的書店。「今後我當然想與那些在街頭文化圈認識的人才合作，而做一些很有趣的嘗試，但前提是我首先要好好做一家『社區的書店』，竭盡全力給每一位客人提供好書，這一點是所有的基礎。」

”某家庭裡的某一個人曾經喜愛的某一本書“

我該問的都問完，關掉錄音機後，繼續和CHITO先生看著書架上的書隨便聊，他把其中一本拿起來告訴我說：「書眞是個特別的東西。就算是同一本，舊書市場上找到的一本和從客人收到的一本是截然不同的。」CHITO先生到客人家裡收書時，首先向他們問說：「你自己或你家人看過最多次的是哪一本？」然後把被選的那一本以比平均價格高兩倍的價錢收購。CHITO先生認爲，「某家庭裡的某一個人曾經喜愛的某一本書」承載著無法以金錢衡量的記憶和感情。他希望能夠把那種「一本書在被無數次翻閱的過程中慢慢帶有的價値」也傳承下去。我聽完這些話心中難免湧現一股暖意。整體書市規模繼續縮小的趨勢中，繪本界竟然出現像CHITO先生這樣的新人，這眞是可喜的消息。我相信CHITO先生在做和今後要做的種種嘗試一定會給日本的繪本、兒童書市場注入新的活力。我甚至覺得如果某些人要肩負創造日本繪本與兒童書市場新未來的任務，那張名單上必須有他的名字。當然我不應該簡單地把所有責任推給他，我自己也要常常拜訪MAIN TENT買書，用實際行動來支持CHITO先生繼續實踐他的理想。

1

1 MAIN TENT位於吉祥寺的小巷，周圍是安靜的住宅區。

2 CHITO先生之所以這麼努力地蒐集繪本，是因爲他希望自己能夠給來訪的小朋友提供「眞東西」。

3

4

3 牆壁上掛的畫，是店主 CHITO 先生和他妹妹共同製作的作品。

4 店裡不僅有獅子，也有貓、狗、鸚鵡等各種動物的玩偶，是個挖寶樂趣極豐富的空間。

店主冨樫チト（ Chito TOGASHI ）先生

MAIN TENT（メインテント）

地址 | 東京都武藏野市吉祥寺本町 2-7-3
電話 | 0422-27-6064
營業時間 | 周三定休，平日 10：30-17：00，
周六 10：30-17：30，周日 10：30-19：00
經營書種 | 二手繪本、兒童書
開業年分 | 二〇一五年

官網 | http://maintent-books.com
臉書 | https://www.facebook.com/maintentbooks
推特 | https://twitter.com/maintent102

造訪紀錄

二〇一六年七月二十四日
拜訪書店，問店長能否接受採訪

二〇一六年八月六日
進行採訪

二〇一八年十二月八日
參加「打開窗簾吧」活動

完稿日期

二〇一六年八月
完成初稿

二〇一九年一月
增修活動現場體驗記

CLARISBOOKS（クラリスブックス）

一家書店一旦成立，不管老闆的意圖如何，其存在一定會對客人們的思維與精神產生影響

店名小故事

打開店主高松先生的推特，很快就能發現，他是個資深影迷。不僅在推特上頻繁地談論電影，在他的貼文中，也經常出現「某作品在某家戲院即將上映，我一定抽出時間去看」之類的內容。店名中的 CLARIS，來自《沉默的羔羊》裡，由影星茱蒂．福斯特飾演的女主角克蕾瑞思．史達琳。克蕾瑞思．史達琳代表著堅強、聰慧、美麗等特質。書店 Logo 上的羔羊，也來自這部電影。

CLARISBOOKS是書種多樣的綜合古書店，設計、美術、攝影書等視覺性強的書種稍微多於人文書這一點，反映著下北澤的文化樣貌。

”喜歡谷崎潤一郎的青年讀者？啊這個要求真讓我頭疼“

二〇一五年九月的某一天我坐在家裡的電腦前抱頭苦惱著。原因是前幾天收到一封電子郵件，臺灣的《聯合文學》雜誌在十一月號中想要製作谷崎潤一郎的專題，編輯希望我找一些喜歡谷崎潤一郎的青年讀者，並對他們進行採訪。喜歡谷崎潤一郎的青年讀者？啊這個要求眞讓我頭疼，我的社交範圍本來就很窄，根本沒有任何一個喜歡谷崎潤一郎的朋友，而且「他」應該要是個年輕人，這樣的條件，要找到合適的採訪對象就更困難了。交稿期限迫在眉睫的情況下，我就有點焦慮地開始瀏覽東京一些獨立書店的網站，因爲我猜想那些書店老闆或店員當中可能有谷崎潤一郎的資深讀者。看了三、四家書店的網站，就在下北澤的舊書店CLARISBOOKS的部落格上偶然看到一篇寫谷崎潤一郎的評論，題名爲〈谷崎潤一郎的語言與視線〉[1]，我把它匆忙地看完就確信，這是一篇有一定深度，又呈現獨特觀點的谷崎潤一郎論。作者石鍋健太先生是一九八〇年代出生，大學時代專門研究谷崎潤一郎的愛書人，完全符合「喜歡谷崎潤一郎的青年讀者」的條件。很意外地找到這麼理想的受訪者，我決定立即行動，拿起書包出門，坐上開往下北澤的電車。

下北澤是Live House、小劇場、古著屋等聚集的區域，也許可以把它形容成東京小眾文化、次文化、青年文化的聖地等等。反正下北澤是在整個東京，知名度很高的觀光地，對它比我更熟的臺灣朋友也應該不少。

我在京王井之頭線下北澤站下車，從北口出發，沿著兩旁林立雜貨店、古著店、居酒屋等種種小店的巷子走四、五分鐘，就到了斜對面有一家羅森便利店的十字路口，在此往右拐大約走兩分鐘，左邊的小路口處就能看到一棟樓，二樓的玻璃上掛著CLARISBOOKS的門牌。從側旁的門口進去，上樓梯到二樓，CLARISBOOKS就在對面。

我跨進門就目不轉睛地走到文學區，仔細看書架上的每一本書。說實話那天我沒能遇到自己真正

1〈谷崎潤一郎の言葉と眼差し　その1：何も捉える気がないのに凝視——「鮫人」〉、〈谷崎潤一郎の言葉と眼差し　その2：実際の姿かたちは割とどうでもいい——「陰翳礼賛」〉，石鍋健太著，網址：https://note.com/claris_ishinabe/n/n46cabae33373，https://note.com/claris_ishinabe/n/nd419ac876401

想要的書，但不買書直接向店員開口提出採訪的事，實在不好意思，最後還是停住呼吸而選上一本吉田健一的散文集《文學的樂趣》[2]，把它帶到櫃檯結帳。

櫃檯裡有兩位店員，一位是店主，高松德雄先生，打扮得簡單乾淨，臉上總帶著微笑的他，呈現出可親和藹的氛圍；而另外一位是店員，石村光太郎先生，他表情則似乎有點嚴肅，但一旦說起話來，就會知道他是跟高松先生一樣非常溫和，彬彬有禮的人。那天石鍋先生沒在店裡，但高松先生很親切地跟我說：「石鍋先生應該很樂意爲臺灣的文學雜誌受採訪。」我隔天再來CLARISBOOKS，第一次看到高松先生、石村先生、石鍋先生在店裡一起工作。CLARISBOOKS沒有工讀生，他們三位都曾經在神保町的一家傳統古書店工作，算是長年在同一個單位協力打拚的戰友。或許因爲如此，我在旁邊安安靜靜地聽著他們的對話，就感覺出他們之間存在著以信賴與友情爲基礎的堅固紐帶。他們的年齡層都不同，高松先生四十多歲，石鍋先生三十出頭，石村先生的年紀好像比他們兩位大一輪，但我看到他們一起攀談的樣子，就覺得他們之間的關係似乎平等，營造出一種穩定友好的氛圍。我在店裡聽著他們斷斷續續談話的聲音慢慢挑書，那溫柔的聲色使我心情莫名其妙地平靜下來。這樣說或許聽起來有點誇張，但我不禁覺得他們的對話聲本身具有無法解釋的力量，就是對在店裡的人能夠發揮類似於鎮靜劑的功能。

”希望能夠平等對待包括沒有古董價值的店裡每一本書，而不想過度優待一部分珍本“

高松先生、石村先生、石鍋先生曾經一起工作的那一家古書店在一九三〇年代成立，總共有四層樓，是神保町古書街上鼎鼎有名的老字號。高松先生在那工作的時候，親自目睹、體驗日本古書界上發生的巨大變化。日本書市像其他行業一樣受到景氣惡化的影響，書越來越不好賣，而不少神保町的古書店在這樣的趨勢中，爲了生存，將更多精力集中於初版本、版畫、自筆原稿、老雜誌、老攝影書等所謂珍本的販賣，他們所屬的那家古書店也不例外。高松先生當然沒有排斥那些可以高價出售的書，但他對這種只有珍本受格外重視的狀態有一點不自在之感。他希望能夠平等對待包括沒有古董價值的店裡每一本書，而不想過度優待一部分珍本。「我希望自己能夠更誠實地面對每一本書，做一些自己眞正想做的事。」這種渴望在心中年年積累的高松先生年過四十幾

2《文学の楽しみ》，吉田健一著，河出書房新社，一九六七

歲之際，決定辭職成立自己的古書店。他邀請兩位同事石村先生和石鍋先生加入這個新事業，開始籌備工作。二〇一三年十二月眞正屬於他們三位的 CLARISBOOKS 就這樣在下北澤的小巷中誕生。

”頻繁出入下北澤的小型劇場、古著屋、設計工作室的客人偶爾把自己的藏書賣給 CLARISBOOKS，透過這些客人與 CLARISBOOKS 之間的不斷交易，店裡逐漸增多美術、設計、攝影、電影的書是自然不過的事“

讓我先介紹一下 CLARISBOOKS 書架上的書。門外處有兩、三排矮矮的書架，如同其他一般的日本古書店，上面陳列以文庫本爲主的廉價舊書。店面看來不大，應該只有十幾坪左右。門口附近的兩旁書架上有文庫本，日本當代文學單行本以及《現代思想》[3]、《生活手帖》[4] 等各種定期刊物。再往店裡邊走，左邊的書架上有美術展覽圖錄、攝影集等視覺藝術類的書，還有一排被玻璃圍起來的書架，裡面展示高價珍本，例如村上春樹的處女作《聽風的歌》的初版本，標價一萬五千日圓。

店內的中央處有可移動的書架，左面是建築、設計類書，右面則是電影、音樂類書。店內最裡邊的空間還有偵探與科幻小說、《東京人》[5]等關於東京地理、風俗文化的刊物，萩尾望都、大島弓子等少女漫畫家爲主的漫畫作品，以及兒童書。當然不能忘記人文區。從門口面向店裡，右手邊靠牆的書架上都是文史哲類的書，分爲日本文學、翻譯文學、哲學與宗教。

除了舊書以外，CLARISBOOKS也販賣《Sonic Nurse暴露日記２０１４》[6]、爲髮型設計師而寫的美容文藝雜誌《髮與我》[7]等一般新書店很少看到的獨立刊物。雖說這些小衆刊物的種類和數量不多，但它們都在店裡顯眼的位置上秀面陳列，能感覺到CLARISBOOKS對這些另類刊物的重視。

3《現代思想》，青土社發行

4《暮らしの手帖》，暮らしの手帖社發行

5《東京人》，都市出版株式会社發行

6《そにっくなーす　暴露日記　２０１４》，そにっくなーす著，個人出版，出版年不詳

7《髪とアタシ》，アタシ社發行

這樣介紹下來就可以得知CLARISBOOKS是書種多樣的綜合古書店，但在我眼裡CLARISBOOKS在設計、美術、攝影書等視覺性很強的書種上還是比以文字爲主的人文書更突出一點。不過，高松先生很清楚地表明他很喜歡文學，其中尤其著迷於《罪與罰》、《卡拉馬助夫兄弟們》等杜斯妥也夫斯基的作品。不僅如此，大學時代專攻哲學的他在店裡也曾經辦過康德的讀書會；至於石村先生，從他在部落格上寫的文章能夠看出他是位資深文學愛好者；石鍋先生的話，如上面所說，他對文學有深厚的知識，而且當讀者的同時自己也寫小說，他的小說甚至有一次上過日本新潮新人獎的最後候選名單上。

讀書範圍很明顯地偏向於人文書的三位讀書人一起成立的書店裡，設計、藝術、攝影類書卻至少表面上占主要的地位，我對此有一點點疑惑不解，於是我從這一點開始向高松先生提問。他簡單明瞭地說：「如果由我們自己來限定客戶層，就經營不下去啊，所以在選書上盡可能避免過度執著於自己的讀書嗜好。」聽到這樣的答案，我覺得自己問了一個很愚蠢的問題，感到有點尷尬。經營書店當然不是他們的愛好，而是職業，爲了讓書店生存下去，就非得按照客人的需求來決定如何賣書。再說CLARISBOOKS畢竟是古書店，店裡大部分的書都是由客人的藏書組成。頻繁出入下北澤的小型劇場、古著屋、設計工作室的客人偶爾把自己的藏書賣給CLARISBOOKS，透過這些客人與CLARISBOOKS之間的不斷交易，店裡逐漸增多美術、設計、攝影、電影的書是自然不過的事。CLARISBOOKS作爲扎根於社區的購書空間，書種很自然地反映出下北澤這個地方的文化樣貌。這就是CLARISBOOKS與生活或工作在下北澤的客人們之間的互動所帶來的結果。

"高松先生和石村先生兩位性格上的某種特質，對參加者的心理發揮特別的作用：就是緩解他們在眾人面前講話時所感到的恐懼感，又能夠給大家「不管講什麼，都不會被否定」的安全感"

我這次寫CLARISBOOKS，最想談的就是每月星期一晚上在店裡舉辦的讀書會[8]，因爲我覺得這個主要由高松先生和石村先生主導的讀書會具體呈現他們在上面提到的「誠實面對每一本書」的精神。那麼在此先讓我談一談自己二〇一六年九月在CLARISBOOKS參加讀書會的

8　作者註：二〇一九年底開始，讀書會改爲不定期舉辦。

經驗吧。

那次讀書會的主題書是夏目漱石的《我是貓》，同年五月我正好在臺灣的《聯合文學》雜誌上寫兩篇以夏目漱石爲主題的文章。爲了完成這個案子我在短期內如飢似渴地讀了一系列這所謂國民作家的小說、散文以及關於他的種種評論。不過那段日子有兩部我沒能讀完的作品，就是夏目漱石的第一部長篇小說《我是貓》和他的遺作《明暗》，理由很單純，因爲這兩部作品的篇幅相對長，我就決定暫時把它們擱在旁邊，先攻略其他頁數較少的作品。我在CLARISBOOKS的網頁上偶然發現他們在下一場讀書會上要討論《我是貓》，覺得自己終於有看完這部經典的動機，毫無猶豫地報名。

讀書會當天晚上，包括高松先生和石村先生兩位，大概十幾個人來參加。參加者的年齡層看來是三十至五十歲爲主。高松先生說，六十幾歲、十八歲左右的人也參加過，男女比例大概一半一半。我們圍著長方桌坐下來，高松先生和石村先生分別坐在左右兩端。首先每一位參加者用五分鐘的時間講講《我是貓》的讀後感想。大家都講完，就有十分鐘左右的休息時間，我們一邊吃高松先生和石村先生從附近的麵包店「mixture」買來的麵包，一邊閒聊。

休息時間結束，進入讀書會後半段，我們開始自由討論在前半段中被提到的觀點或問題。讀書會上沒有明確的領導者，儘管讀書會的主辦單位是CLARISBOOKS，然而高松先生和石村先生不當主持人，除了說幾句開場白以外，他們扮演的角色跟其他參加者沒有什麼明確的區別。大家發言時，我觀察高松先生和石村先生的動靜，他們安安靜靜地聆聽每一位參加者的敘述，不會插話，只是偶爾微微點一點頭來表示肯定。啊，很難形容我從高松先生、石村先生對參加者的態度所得到的感受，我只是想說，看到每一位參加者輕輕鬆鬆、毫無憂慮講出自己的想法，我就覺得，高松先生和石村先生兩位性格上的某種特質，對參加者的心理發揮特別的作用：就是緩解他們在衆人面前講話時所感到的恐懼感，又能夠給大家「不管講什麼，都不會被否定」的安全感。

我自己發言時確實有這樣的感覺。讀書會開頭先舉行猜拳比賽，沒想到自己竟然贏到最後，成爲第一位發言者。雖說我不免有點緊張，但畢竟讀過不少夏目漱石的作品，所以還是比較有自信能夠清楚表達自己的想法。結果我講得亂七八糟，而且講到一半，心情就慌張到不知道自己在講什麼的程度。講了一大堆讓大家頭腦混亂的廢話，最後用虛弱的聲音說：「總之，這部作品比我預期得更好看……。」我講完對自己的表現極其失望，心裡嘆氣說：「啊原來不僅中文，連用日文也只能講得結結巴巴。中文、日文都不行，那我該怎麼辦？」我的悲觀想像力發揮到極點，對其他參加者的感想只能聽得心不在焉之際，高松先生用溫柔體貼的語氣跟我說：「沒關係，慢慢來，後面若你想起願意與大家分享的事，請你隨意說出來。」這樣說聽起來有點誇張，但那簡單的一句話，高松先生用溫柔的聲色說出來，確實在某種程度療癒了我破碎的心，也讓我看到藏在高松先生心裡最深處的一顆乾淨的靈魂。

”CLARISBOOKS讀書會的核心價值，我想重點說到底是人吧“

往常我考慮參加讀書會時，會想到兩個相反的問題：第一是擔心讀書會上討論的內容沒有足夠的深度，讓我感到有點無聊；第二則是讀書會上大家所表達的觀點太深奧，無法趕上他們的知識水準，會覺得自己的想法太膚淺，尷尬於開口表達自己的意見。我這一次在CLARISBOOKS參加《我是貓》的讀書會，這兩個問題是完全沒有的。

高松先生和石村先生辦完每一場讀書會就寫一篇報告，記錄他們在讀書會中的所聞所感。閱讀一下那些文字就不難發現他們對每一部作品的解讀都相當深。他們自己發言之時，以輕鬆的語氣講出其他參加者沒想到的觀點，給大家帶來從不同角度思考文學的契機。不過他們對作品的解讀也絕不會太過學術，他們講話的內容總有一定的深度又帶有一點點幽默感，這樣的言論不會減少其他參加者的表達欲望，反而促使他們想：「高松先生和石村先生竟然毫無憂慮的表達自己的想法，那我也想把自己腦袋裡的東西拿出來與大家分享。」

再說高松先生和石村先生在讀書會上的言行和從他們身上散發出來的某種特質助於營造輕鬆和藹的氣氛，消除參加者心裡存在的緊張感。這樣的氣氛中大家就不會擔心自己的想法值不值得一提，而能夠輕鬆地呈現自己對某作品的看法。門檻很低，瀰漫著包容的空氣，討論的內容則具備一定的深度，又能夠幫參加者學習從多種視角解讀文學的方法。這些都是最近CLARISBOOKS的讀書會受到大家歡迎的理由吧，每一次主題書公布出來，名額沒幾天就很快額滿了。

啊，這樣解釋CLARISBOOKS的讀書會還不夠清楚。至於CLARISBOOKS讀書會的核心價值，我想重點說到底是人吧。高松先生和石村先生的人格魅力吸引隱藏於都市裡的文學愛好者們，他們第一次體驗CLARISBOOKS的讀書會，會覺得既有趣又會得到文學上的種種知識，就願意參加下一場讀書會。經過這樣的歷程，從三、四位參加者開始的小小讀書會，慢慢發展成東京閱讀世界中的獨特風景。嗯……我還是只能寫得很抽象，其實用我的爛中文介紹遠遠不如大家親自參加CLARISBOOKS的讀書會呢。

”開始辦讀書會之後，他們不管多忙就有逼著自己看完莫一本書的理由“

從CLARISBOOKS的網頁上能看到他們在讀書會上曾經討論過的書，例如有莎士比亞的《馬克白》、卡繆的《異鄉人》、向田邦子的《父親的道歉信》、吉田兼好法師的《徒然草》、谷崎潤一郎的《春琴抄》、托馬斯・曼的《魔山》、詹姆斯・喬伊斯《都柏林人》、伊藤正幸的《想像收音機》。可見大部分都是古今中外的所謂經典或名作，當代文學作品比較少。高松先生告訴我說：「理由很簡單，我單純地想，長久被廣泛閱讀的作品裡面，好看的應該比較多。」高松先生和石村先生在神保町工作時，心裡有個煩惱，就是雖說每天處理大量的書，也知道每一本書的價錢，但不太了解其內容，實際上看書看得不多，他們覺得作爲從事書業的人，這樣子實在不行。他們當初爲了打破這樣的窘境，而想到在店裡辦讀書會。開始辦讀書會之後，他們就有了不管多忙還是得逼著自己看完一本書的理由，並以此爲契機而開始精讀那些只知道書名但從來沒認眞看過的經典，他們的閱讀範圍也因此逐漸變大，隨之能夠全方面地培養關於日本、世界文學的知識。

”她如擁有女巫般的特殊功力，與那些因水銀中毒而身體麻痺，口齒不清，時時發作或已經死去的人們溝通，聽取他們無法用言語發出的聲音，並把藏於其中的種種細微複雜的感情以文字的形式呈現“

再說讀書會上偶爾會有一、兩位主題書的粉絲，他們會帶來高松先生和石村先生也不知道的關於作品以及作家本身的知識，有助於將整場讀書會帶動起來。譬如《我是貓》讀書會快結束時，有一位參加者對大家說：「明天晚上ＮＨＫ（日本放送協會）將播放石牟禮道子的紀錄片。我認爲她是在日本文壇中獨一無二的存在。若有時間希望大家觀看該節目。」高松先生在採訪中告訴我，那個人是石牟禮道子的忠實讀者，因爲太喜歡她的作品，甚至成立了「石牟禮道子粉絲俱樂部」。之前在店裡舉辦石牟禮道子的代表作《苦海淨土——我的水俣病》[9]（以下簡稱《苦海淨土》）的讀書會，那位讀者與大家分享他曾經在日本九州親眼見到石牟禮道子本人的經驗。他回顧說：「我印象中的石牟禮道子似乎漂浮在離地面十公分的空中。」對從來沒有讀過《苦海淨土》的人來說，用這樣的說法描繪某一個人聽起來太離譜，不過那時候在座的高松先生心裡想的卻是「果然是……」。

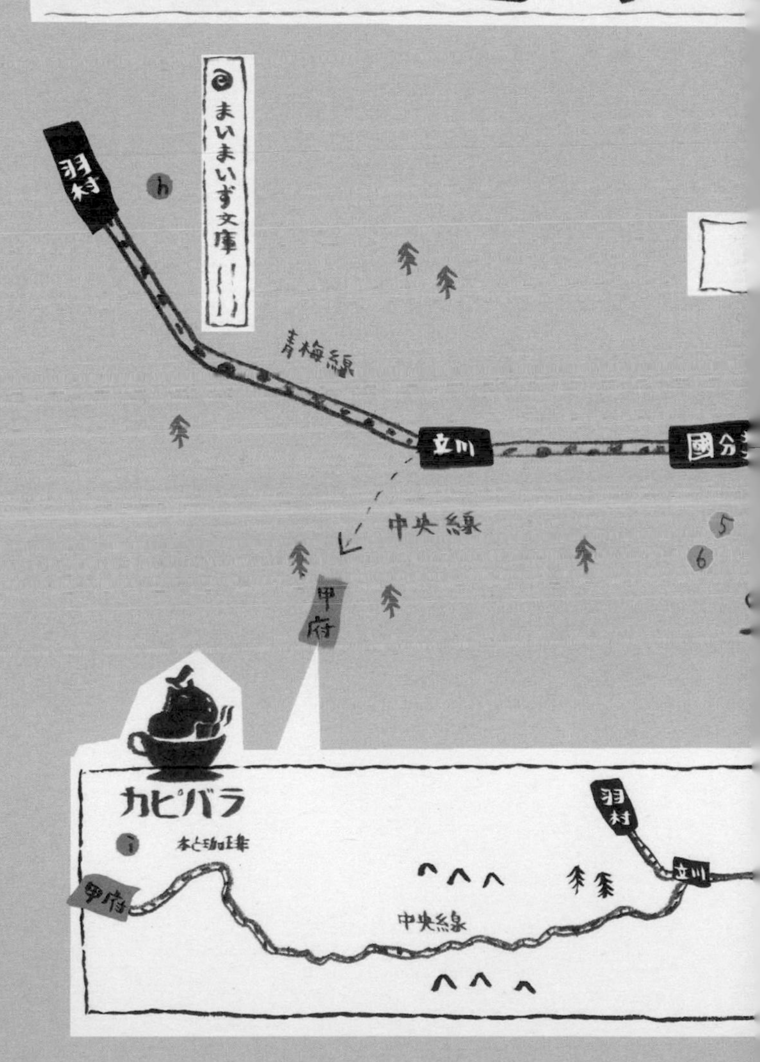
東京獨立書店周邊散步地
まいまいず文庫
羽村
h
青梅線
立川
國分
中央線
5
6
甲府
カピバラ
i
本と珈琲
羽村
立川
甲府
中央線

《苦海淨土》是石牟禮道子一九六九年發表的長篇小說。日本九州熊本縣西南部的沿海區有個小鎮名爲水俣市。一九五〇年代那個地方有一所化學工廠，它在作業的過程中不斷排放包含高濃度水銀的廢水，引起了日本現代史上最嚴重的工業病事件，大部分受害者是在水俣港口世世代代捕魚而活的漁民們。當年在水俣市當家庭主婦、同時作爲業餘文學愛好者寫作的石牟禮道子，開始拜訪那些因吃水俣海域的魚而發病的受害者們，用文字記錄他們的聲音。

這樣的作品表面上似乎屬於紀實文學的範圍，但只要稍微細心地閱讀其中的文字，就能發現石牟禮道子的敘述在此作品中所散發的能量遠遠超越任何簡單的類別。高松先生說：「很明顯她在寫《苦海淨土》的過程中充分發揮自己的想像力而寫出現實中她沒有聽到的話或沒親眼看過的事。她如擁有女巫般的特殊功力，與那些因水銀中毒而身體麻痺，口齒不清，時時發作或已經死去的人們溝通，聽取他們無法用言語發出的聲音，並把藏於其中的種種細微複雜的感情以文字的形式呈現。讀者接觸她的文字就不禁想『石牟禮道子是不是有能力聽見死者的聲音』？《苦海淨土》

9《苦海浄土——わが水俣病》，石牟禮道子著，講談社出版，一九六九就是具有如此能量的一部作品。」

我自己在看《苦海淨土》時，也確實有同樣的感受，石牟禮道子的文字給我的感覺如是：她漂流於人世與來世之間的邊界，貼近那些還在活著或已經死去的受害者們，用文字刻畫出他們的沉默中所隱藏的憤怒和苦惱。從這個意義來講，「石牟禮道子像是漂浮在空中的人」，這樣的形容其實一點也不誇張。

”長年能夠承載無數日本書店員的那條大船（整個日本書市）本身正在慢慢下沉。我清楚明白目前工作的書店不可能把自己養活到退休“

高松先生、石村先生和石鍋先生二〇一三年之前一直在神保町的老字號舊書店當店員，過著按照老闆的指示勞動，每月拿薪水的生活。我作為偶爾妄想將來開自己的書店，目前卻還與以前的他們一樣在神保町的書店工作的人，想藉此問一下，CLARISBOOKS自成立以來，即將邁入第四年的現在（二〇一六年），他們如何評估四年前從長年工作的書店獨立出來的決斷？高松先生回答說：「一切都好啊。雖說獨立以後生活變得格外困難，但若有人要求我列舉一下自己開書店的決定所帶來的具體結果，我只能想到正面的事。」高松先生說到這裡，石村先生忍不住似地說：「這樣的說法或許聽起來太過裝模作樣，但我眞的認爲，自從開始經營CLARISBOOKS，我們能夠更好地面對每一本書。」他拿起旁邊的一本小書繼續說道：「這麼薄的一本翻閱一下也會有新的發現。」高松先生接著提到另外一點：「還有人與人之間的連結吧。我們在書店當員工的時候，以自己的判斷能做的事情是有限的，但一切都得由我們自己來決定的現在，無論是對書還是人，能夠更加靈活地面對。譬如我們現在與其他古書店密切往來，我們當店員的時候，這種同行之間的橫向紐帶不能說完全沒有，但確實是比較薄弱的。同行、客人、書籍，不管是在哪個方面，CLARISBOOKS成立以後，我們的世界確實都更廣闊、更豐富。」

假如高松先生、石村先生和石鍋先生沒有開CLARISBOOKS，而選擇留在那家神保町的古書店，我很可能就永遠不會認識他們。因爲他們果敢地離開自己所熟悉的環境，在下北澤成立屬於自己的古書店，我才會讀到那一篇石鍋先生對谷崎潤一郎的評論，並能夠把它傳達給華文世界的讀者；因爲有CLARISBOOKS這個平臺，我在部落格上讀到高松先生寫的一系列文章，便對杜斯妥也夫斯基重新產生興趣，做出了時隔十幾年後重讀《罪與罰》的決定；還因爲他們用CLARISBOOKS這個閱讀空間而開始舉辦小小讀書會，我就有機會吸收高松先生和石村先生以及其他在場的文學愛好者們對《我是貓》的多樣解讀，而能夠進一步地加深自己對文學的認識。高松先生自己說，成立CLARISBOOKS以後他的世界變廣闊，但我想變廣闊的不僅是他的世界。高松先生、石村先生、石鍋先生透過CLARISBOOKS所做的一切實踐，給包括我自己的無數讀者提供一些難得的機會，就是我們能夠與閱讀範圍和自己不同的讀書人交流，並接觸從前不熟的文學作品，以此更加深入地探索書與文學的世界。換句話說，我們的閱讀視野，讀書生活都因爲CLARISBOOKS的存在而變得更廣闊、更豐富多彩。一家書店一旦成立，不管老闆的意圖如何，其存在一定會對客人們的思維與精神產生影響。這就是每一家書店不管它的好壞都具備的既美好又可怕的力量吧。

這一次採訪高松先生和石村先生，我就忍不住反省自己的工作情況。在一家書店繼續當員工的優點是——說得極端一點——只要乖乖地聽從上面的指示而認眞幹活，每一個月都能拿到一定的薪水，不過我們目前所面臨的問題是，長年能夠承載無數日本書店員的那條大船（整個日本書市）本身正在慢慢下沉。我清楚明白目前工作的書店不可能把自己養活到退休。那麼爲了過安穩的生活而克制自己的願望，主動選擇作爲組織的一部分規規矩矩地工作，這樣的計畫是不是早就已經破裂了？

正因爲如此，我不得不想：「反正在書業走哪一條路生活都會很辛苦，那就盡量做自己想做的事吧！」但心裡很快就出現疑惑，問自己：「那我具體想做什麼？開中文書店？日本想買中文書的人很少啊，不可能以賣中文書謀生……。」

我這次有機會聆聽高松先生、石村先生和石鍋先生一起離開穩定的工作環境而協力從零親手打造CLARISBOOKS的經驗，看到他們以低調卻踏實的腳步面對工作上遇到的每一本書，了解讀書會等他們爲與客人一起分享閱讀樂趣而進行的活動，並重新認識它作爲下北澤的社區古書店被大家喜愛的事實，我就自然更希望今後自己也無論在生活和工作上都盡量提高獨立自主的成分，用自己的腦袋思考而做一些實際行動，同時不禁想：「說不定我也可以與他們一樣，更充分地發揮自己擁有的能力，而對書業和社會做出一些貢獻……。」我作爲書店員，從高松先生、石村先生和石鍋先生的實踐中吸收到某種正面的力量，而抱著明朗的心情走出CLARISBOOKS。[10]

10 作者註：現在（二〇二一年）石鍋健太（Kenta ISHINABE）先生基本上已不在CLARISBOOKS工作。

1

2

1 書店Logo上的羔羊，來自《沉默的羔羊》這部電影。

2 二樓玻璃牆面上展示出書牆盛大的視覺圖像。

3

4

3 店門外有兩、三排矮矮的書架，陳列以文庫本爲主的便宜舊書。

4 像《Sonic Nurse 暴露日記 2014》這類小衆刊物都在店裡顯眼的位置上秀面陳列。

店主高松德雄（ Norio TAKAMATSU ）先生
店員石村光太郎（ Kotaro ISHIMURA ）先生

CLARISBOOKS（クラリスブックス）

地址｜東京都世田谷區北澤 3-26-2 二樓
電話｜03-6407-8506
營業時間｜周一、周日定休，周二至周六 12：00-20：00
經營書種｜二手書、電影、設計、藝術、建築、文學、生活、哲學、ZINE
開業年分｜二〇一三年

官網｜https://clarisbooks.com
推特｜https://twitter.com/clarisbooks

造訪紀錄

二〇一五年九月
為《聯合文學》谷崎潤一郎特輯，採訪石鍋先生

二〇一六年九月四日
參加夏目漱石讀書會

二〇一六年九月十一日
採訪高松先生和石村先生

完稿日期

二〇一六年十月
完成初稿

二〇一九年四月
增修部分內容

模索舍（もさくしゃ）

在獨立刊物的販賣上，模索舍自成立至今一直堅守一個規定，那就是無論內容如何，都必須接受並販賣帶過來店裡的所有刊物

店名小故事

模索舍第一代成員們準備開店的時候，其實已經想好了店名，那就是「跌倒書房」（ズッコケ書房）。不過有些人提出反對意見：「有那種店名的書店無法跟出版社往來。」其他人認為此意見有道理，於是大家重新進行討論。最後「模索舍」成為正式店名。雖說我個人挺喜歡「跌倒書房」，但從客觀角度來講，把店名改為模索舍應該沒有錯。因為「跌倒書房」難免給人不吉利之感。如果我是出版社員工，可能不禁想：「跌倒書房，這種店名的書店真的可以信賴嗎？他們不會還沒結算就倒閉吧？」而害怕跟它做生意。

堅持並貫徹對刊物「無審查」的理念，這樣的書店，據我所知，除了模索舍以外，別無其他。

”一九七〇年在新宿御園旁的一隅誕生的它，在ZINE那樣的名稱都還沒有出現的時代，就已經開始銷售那些當時被稱之為Minicomi的獨立刊物“

現在以逛獨立書店爲目的在東京的街頭走一走，無論走進哪一間新書店還是舊書店，通常在店裡顯眼的位置上能夠看到各種形式和題材的獨立刊物。這些書店紛紛著力於販賣最近被稱之爲ZINE的小衆刊物，是進入廿一世紀後才在日本書市上興起，最近越來越突出的現象。整個日本書市逐漸縮小，書根本不好賣，對尋求生存的獨立書店來說，努力販賣這些一般連鎖書店不太重視，卻有獨一無二的個性，並對部分讀者很有吸引力的刊物是必然的選擇，而且現在講究裝幀設計，附有精美圖片等視覺性很強的ZINE不計其數，它們在一定程度能夠助於書店打造以「文青」、「次文化」等詞彙來形容的某種時髦形象。

如上述所說，獨立書店販賣ZINE是從十幾年前才流行起來的趨勢，這樣的說法是沒錯的，不過要談日本的獨立書店和ZINE之間的因緣以及歷史發展，有一家書店絕不可以忽略：它的名字是模索舍，一九七〇年在新宿御園旁的一隅誕生的它，在ZINE那樣的名稱都還沒有出現的時代，就已經開始銷售那些當時被稱之爲Minicomi（mini-communication的短稱，是mass-communication的反義詞）的獨立刊物。現在比較難以想像的是，當初模索舍試圖成爲獨立刊物的銷售基地，這個決定與其核心成員們舉起的社運精神密切相關。

”從店裡的書感受到的，對市民社會的關懷、對社會中存在的種種不公平與不正義發出聲音的意志、為了以書來改善社會而不間斷地付出微薄之力的覺悟“

我還深深記得幾年前的某晚上逛模索舍時所看到的情景。那晚我在新宿要看電影，順便到模索舍打發時間。

新宿是百貨公司鱗次櫛比、人潮極多，東京數一數二的繁華之地。模索舍稍微遠離新宿最熱鬧的街道，安安靜靜座落於靖國路旁的巷子上，黑暗中發著微微燈光等待客人的來臨。用木板做的外牆，表面的很多部位，因塗料剝落，有點像長年經受風吹雨打的山中小屋。偶然路過這裡的人，望見陳舊的店鋪外貌，窺視不太明亮的店裡，說不定會認爲這是一間有數十年歷史的二手書店，而不是新書店。

跨進店門，左邊的書架上陳列著我最喜愛的人文社科類書，輕鬆看著那些書以「赤軍」（日本紅軍）、「在日朝鮮人」、「被差別部落」等在其他書店看不到的關鍵詞分類，自認相對傾倒於左派思想的我，被其風景深深吸引的同時，心中來襲一股微微的幸福感。

右邊的書架上則有電影、音樂、漫畫等藝術類書以及創作者自己帶過來並託給模索舍販賣的獨立刊物。再往裡邊走就能看到眞正只有在模索舍買得到的東西，就是日本各種左翼、右翼團體自己製作發行的定期刊物，其中一排書架上擺放著「東亞細亞反日武裝戰線」的機關報，看到這些，連意識形態偏左的人如我，也差點給模索舍貼上「危險」、「過激」等標籤。我印象中，警察崗亭門口的布告板上常常顯示某一位「東亞細亞反日武裝戰線」成員的照片，寫說他曾經在某個地方進行恐怖行為，因此警察正在懸賞追蹤他等等。

有一個看似三十幾歲的男店員坐在陰暗雜亂的櫃檯處，擺著一副苦苦的表情盯著電腦螢幕。我本來想跟他打招呼，但看見他那個樣子，使我很難鼓起足夠的勇氣開口。那天我在店裡的十幾分鐘時間內，進來的客人不多，來到這裡的人可能會覺得現在的模索舍缺乏活力，店裡瀰漫著陰沉的氣氛。

不過我個人認爲，就算大家覺得模索舍看似一艘慢慢沉入海裡的船，但至少在我眼裡它還擁有著日本其他書店裡幾乎沒有或相當薄弱的精神：粗略來講，那就是從店裡的書感受到的，對市民社會的關懷、對社會中存在的種種不公平與不正義發出聲音的意志、爲了以書來改善社會而不間斷地付出微薄之力的覺悟。因爲我有這樣的感覺，無論現在的模索舍所處的情況如何，我還是堅信它仍然是一間值得大力宣傳並向廣泛民衆傳達其魅力和存在意義的獨立書店。

”主流出版社和書店都不願意接受我們的刊物，好的，那就我們用自己的雙手打造一間獨立刊物的銷售基地吧“

模索舍的創辦人是一九六〇年代末至一九七〇年代初積極參與反越戰運動的一群大學生。其中核心人物是五味正彥先生（一九四六——二〇一三年），他就讀早稻田大學期間，投入「實現越南和平市民聯合會」（以下簡稱越和聯）的反越戰運動，並在「學生越和聯」的組織工作中發揮了主導作用。當時五味先生與志同道合的朋友一起做了一本書，據說主要內容圍繞在日本與亞洲各國之間的關係，他們爲了讓它在書市上流通，拜訪某一間新書店，結果那裡的負責人說：「你不能直接把自己的出版品帶過來，先聯絡一下經銷商吧。」但他們在經銷商那邊又遭到拒絕。五味先生在這一過程中明白，憑一時的想法做一本刊物卻完全沒有今後的出版發行計畫，經銷商根本不願意與這樣的出版社進行交易。他從此做了一個決定，就是「主流出版社和書店都不願意接受我們的刊物，好的，那就用我們自己的雙手打造一間獨立刊物的銷售基地吧」，這就是模索舍誕生的起點。

”這種對刊物「無審查」的立場與實踐來自於日本憲法二十一條宣導的理念：「保障集會、結社、言論、出版及其他一切表現的自由。不得進行檢查，並不得侵犯通信的祕密」“

在獨立刊物的販賣上，模索舍自成立至今一直堅守一個規定，那就是無論內容如何，都必須接受並販賣帶過來店裡的所有刊物。模索舍在理念上不會因「內容太猥褻」、「政治主張與我們不同」等任何理由拒絕某一本刊物。這種對刊物「無審查」的立場與實踐來自於日本憲法二十一條宣導的理念：「保障集會、結社、言論、出版及其他一切表現的自由。不得進行檢查，並不得侵犯通信的祕密。」這麼清楚地舉起自己的理念，不僅如此，還在具體的業務上積極實踐此理念，這樣的書店，據我所知，除了模索舍以外，別無其他。

一九七〇年代剛開業時的模索舍，三分之二的空間是大約有二十六座席位的小酒吧，是各式各樣的年輕社運人士可以聚在一起互相交流的場所。那個時候店裡舉行的活動相當豐富，譬如民謠與搖滾的音樂會、日本紀錄片大師小川紳介的全作品上映會等等。其中給我印象最深刻的是當年他們連續舉辦的三場展覽會，第一場是受古巴大使館的協助而舉辦的切．格瓦拉海報展，第二場是越南解放戰線的兒童們的繪畫作品展，第三場則是在日本首次舉行的南京大屠殺資料展。初期的模索舍很明顯透過這些展覽，試圖揭露日本在過去對亞洲各國所造成的傷害。

”每一個社會都需要像模索舍一樣，以書籍支持社會中的被壓迫者，堅持反權威立場的書店“

現在一提到「南京大屠殺」，很多人就從「有沒有眞的發生？」的觀點來討論，對處於這種尷尬處境的我來說，一九七〇年代大學剛畢業的一群年輕人主動策劃以此爲主題的展覽，這樣的事實已經有點難以想像，也促使我們反省這三十年間日本社會中所發生的變化。

現在的模索舍裡，沒能看到對社會議題有關懷的年輕人在此討論，並做一些具體行動的情景。不過我覺得，模索舍自成立以來堅守的某種精神還存活於陳列在書架上的書籍裡，對我來說那就是認眞思考社會中存在的種種弊病和不正義，並爲改善自己所屬的社會和周圍的世界而一步步付出的努力決心。我不敢說所有書店對社會中存在的種種不公平都必須表態，但始終認爲從書店裡關心社會問題的氛圍逐漸薄弱是讓人感到憂慮的趨勢。

我堅信無論什麼時代，哪怕意識形態上有點偏激，每一個社會都需要像模索舍一樣，以書籍支持社會中的被壓迫者，堅持反權威立場的書店。因爲我有這樣的想法，就算現在的模索舍表面上似乎陷入低迷的狀態，還是非盡力推廣它在日本社會中繼續存在的意義不可，我有逼自己把一九七〇年代點燃的那支精神火焰給後代傳承下去的責任。

我心中自造如此崇高的使命，二〇一六年十二月的某一個晚上，下班的路上拜訪模索舍，竭盡勇氣地對坐在櫃檯裡的店員開口。那位店員就是這次的採訪對象，榎本智至先生。一九七〇年代末出生的榎本智至先生，大學期間因參加學運的緣故，認識模索舍的存在，當時只是作爲一個普通客人偶爾來到店裡隨便翻翻書，買走一些左派團體的機關報或Minicomi而已。他剛進大學的二〇〇〇年左右，當時日本的學運狀態被形容爲風中之燭也不爲過，還在做相關活動的任何人自動被主流社會看成怪物般的存在。那麼我想當年的榎本先生在校園裡也應該屬於少數中的少數。他大學畢業後，進一間公司做西陣織的推銷員。二〇〇九年他離開職場，那時模索舍正好缺人，他就抱著「那就試試看吧」的心態，成爲模索舍的新舍員，一路下來做到現在。二〇〇九年時舍員還有三位，但現在減少到兩位，由榎本先生和另外一位舍員神山先生擔負模索舍每天的運作。

”這裡的排書風格非常獨特，以一般書店裡不太受矚目的非主流關鍵詞來進行分類，譬如「赤軍」、「三里塚」、「全共鬥」、「天皇制」、「死刑制度」、「阿伊努族」、「在日」、「TPP」、「核電站」等等“

模索舍販賣的出版品可以簡略分成三種：有書號的新書、被稱之爲「ZINE」或「Minicomi」的獨立刊物，以及日本社運、政治團體的機關報。

看一下模索舍的書架，就可以知道這裡的排書風格非常獨特，以一般書店裡不太受矚目的非主流關鍵詞來進行分類，譬如「赤軍」、「三里塚」（日本三里塚農民反機場運動）、「全共鬥」（一九六〇年代反安保法運動中發揮主導積極角色的學運組織）、「天皇制」、「死刑制度」、「阿伊努族」、「在日」（在日朝鮮族）、「TPP」（自由貿易協定）、「核電站」等等。這些書的關鍵詞清楚告訴我們，模索舍是一間堅持言論自由，推動社運的書店，又讓我們看到它毫無憂慮地發出「反核」、「反死刑制度」、「反天皇制」、「保護少數民族權利」等主張。按照現在日本社會的主流標準來說思想傾向左邊的我，只要站在模索舍的書架前，看到左派意識鮮明的書籍聚在一起的風景，就想大聲說：「模索舍，你合格了！」

舉一個例子來說明一下模索舍之所以被視爲社運書店的理由吧。新書區平臺上有一個小小空間，上面陳列一些列所謂「反HATE」書。反HATE書是什麼呢？這幾年日本書市上持續流行著宣導反韓國、反中國言論的書，因爲它們用充滿族群歧視色彩的語言咒罵東亞鄰國的人民，就被取名爲HATE（仇恨）書。由於這些書的銷量不錯，現在日本的不少書店把它們秀面疊放在顯眼的平臺上。不僅如此，這些書的作者和愛讀者在網路上散播污衊韓國人、北朝鮮人和中國人的言論，有時候甚至組群上街頭，喊著「滾回朝鮮半島去！」等卑劣口號，在東京大久保等外籍人口密集的地方遊行。

看到如此的情況而覺得不容忽視的一些出版人就開始出版《在日特權的虛構》[1]、《太太是愛國者

1《「在日特権」の虚構：ネット空間が生み出したヘイト・スピーチ》，野間易通著，河出書房新社出版，二〇一三

——追究她們的動機》[2]、《網路右翼的終結》[3]、《反仇恨言論對話》[4]等書來反駁HATE書散播的言論。不過不少日本書店還保持「只要賣得好，即便帶有濃厚族群歧視意識，也可以積極販賣」的態度，而繼續陳列大量的HATE書，在這樣的情況下，模索舍則透過大力推動反HATE書來證明，無論如何得對HATE書氾濫的時代大聲發出「不」的聲音。如此有義氣的書店，我不得不先給它一百分。

”我盡量按照模索舍經過四十年的時間裡醞釀的某種標準，跟自己說「模索舍應該有這樣的書吧！」“

其他書店沒那麼重視的非主流議題在模索舍卻如上所寫的備受關注，那些相當重要卻因銷量少而總淹沒於書海裡的社科類書被擺放在顯眼的位置，我每次踏進店裡，看到平臺上的書，心裡就感到驚喜：「哇！關於某某議題，最近出版了這樣的一本書啊！雖說我差不多每天逛新書店，但在這裡才第一次看到。」

值得一提的是，選書、進書的業務基本上由榎本先生一個人來擔任。因爲模索舍沒有與經銷商往來，店裡所有新書都是直接向出版社訂購的，除了與訂書量較大的出版社透過郵寄方式進行交易以外，榎本先生也常常騎著摩托車到新宿、神保町附近的出版社直接拿書。

只要是對日本的左翼思想有一點點共鳴，對日本的種種社運議題有所了解的人，一看到模索舍的書架，就能夠明白榎本先生具有極高的選書能力。模索舍從大量社科類出版品當中按照獨有的標準精選出品質最好的書，從而打造獨一無二的購書空間。這都是由榎本先生一個人來做的事實讓我感到驚訝。「我盡量按照模索舍經過四十年的時間裡醞釀的某種標準，跟自己說『模索舍應該有這樣的書吧！』而做每天的進書、排書工作。當然也有時候搞不清楚什麼樣的書才是模索舍裡應該有的書。」榎本先生用謙虛的口氣安安靜靜地這麼說，不管其他人怎麼看待榎本先生的選書

2《奥さまは愛国》，北原みのり、朴順梨著，河出書房新社出版，二〇一四

3《ネット右翼の終わり——ヘイトスピーチはなぜ無くならないのか》，古谷経衡著，晶文社出版，二〇一五

4《アンチヘイト・ダイアローグ》，中沢けい著，人文書院出版，二〇一五

風格，至少在我心目中他永遠是頂級的選書人。

”我在模索舍悠悠地眺望著書架，把自己的意識滲透於那些品質、內容、思想無限多樣的獨立刊物的豐饒之海，心中便感覺到「像我這樣的人在這個世界總會有個位置」、「至少這個地方願意容納我」，如此這般的安慰“

至於所謂Minicomi或ZINE，畢竟現在很多新／舊書店也開始賣這些獨立刊物，所以模索舍自成立以來在這方面一直在做的事現在已經很普遍。雖然如此，我還是覺得模索舍的獨立刊物區呈現出跟其他書店截然不同、獨一無二的風格。

我印象中現在很多個人經營式的小型新／舊書店特別著力於販賣獨立刊物。這些書店所販賣的Minicomi和ZINE，內容豐富多彩，視覺上很有設計感的也不少，作爲紙本刊物，無論在哪方面，大部分都達到一定的水準。有一次我參加過一位舊書店老闆的講座，他書店的平臺上陳列不少精選的ZINE。他說，有人把自己製作的刊物帶過來店裡的時候，他會先翻一翻刊物再問製作者說：「爲什麼你製作這樣的一本刊物？」若那個人的回答沒能讓他滿意，他不會讓此刊物在自己的店裡上架。一本刊物的品質得到老闆的認可，它才會有在書店裡被陳列的機會，這樣的規則理所當然，是不是？

但模索舍在此舉起與其他大部分書店不同的態度，它的宗旨是：「將製作者透過刊物所做的表達以及他們的言論毫無假飾地傳達給第三者，是模索舍肩負的任務，原則上堅持無審查地接受所有刊物的立場。」我對榎本先生問：「那你是不是有時候因品質不夠好就拒絕製作者帶過來的刊物？」他聽我這麼講感到意外似的說：「沒有啊，不管刊物的樣貌和內容如何，還是把它們試試陳列在店裡啊。賣得不好的話，退還給製作者就好了。不過有些製作者再也不會出現在店裡……。」

我站在模索舍的獨立刊物區隨便拿起一本漫畫名爲《女編輯者殘酷物語》[5]，作者用簡單的畫風，

5《女編集者残酷物語》，小林エリコ著，イースト・プレス出版，二〇一七

低調的文筆敘述十年前當黃色刊物編輯的經驗，深刻描寫過程中感到的悲哀之情，結尾坦白講出辭職後進精神醫院的事實。此漫畫的旁邊則找到另外一本刊物，名爲《愛情賓館的房間布置Plan of Love》[6]，作者走訪東京、橫濱的愛情賓館，如租房廣告一樣，詳細介紹各種房間的布局。這些用非常個人的方式解剖心中陰暗一面的或探索社會邊緣的刊物，在那些時尚文青風格的獨立新／舊書店比較少看到，至少我在其他地方從來沒有見過這兩部作品。

模索舍與一般書店不同，無論是在內容還是在品質，實踐著無審查的理念進書，這樣做下去，店裡就逐漸形成品質相對精緻的暢銷獨立刊物和上述所提到的小衆獨立刊物混在一起的景象。因爲就這樣什麼刊物都沒有規律似地被一起擺放著，有些人可能會覺得模索舍的獨立書區太過凌亂。不過那種無數種獨立刊物所打造的雜亂混沌的樣子，卻能夠給我莫名其妙的安全感。我走進很有文青風味的書店，平臺上少數品味極高的刊物，不得不感嘆於老闆超強的選書能力的同時，偶爾忍不住想：「這裡好像是被滅菌的空間，愼重地排除社會中確實存在卻讓有些人感到不舒服的雜音、人以及事物。」這樣的書店有時帶給我一種難以言語表達的窒息感。

我反而在模索舍不會有這種感覺。在獨立刊物方面，稱它爲接納一切的書店或許也不爲過。譬如如果我在一張B5的紙上用極其難看的手寫字亂寫日記，並它帶到模索舍，榎本先生也很樂意把它陳列在店裡。不管我透過刊物所發出的聲音多麼粗糙、自以爲是或不太清楚，模索舍還是寬容的接受。我在模索舍悠悠地眺望著書架，把自己的意識滲透於那些品質、內容、思想無限多樣的獨立刊物的豐饒之海，心中便感覺到「像我這樣的人在這個世界總會有個位置」、「至少這個地方願意容納我」，如此這般的安慰。

”那些關心社會的年輕人當年為此投入的熱情，餘熱還留存於模索舍的書架間，日本社運精神還沒有澈底消滅，火焰還在微微發著光“

客人第一次走進模索舍，首先一定會被由各式各樣的獨立刊物所組成的景色吸引，但他們再往裡邊走一走，就會看到更新奇的東西，那就是上面提到的各社運、政治團體、社運組織製作的機關

6《ラブホのマドリ 東京 - 横浜版 Plan of Love》，水谷秀人編輯、攝影，Eidantoei出版，二〇一六

報。譬如《無產階級通信》[7]、《通信 反戰反天皇制勞動者聯盟》[8]、《解放新聞》[9]等等。這些刊物除了直接向製作單位訂購的方式以外，目前很可能只有在模索舍買得到。

以前販賣這些刊物的書店也不少，但它們隨著時間的流逝一間一間地歇業，現在同業中還在營業的只有模索舍。那這樣的一間書店在我心目中到底是什麼樣的存在呢？一九六〇年代的日本是大量年輕人參與社運的時代，模索舍就是由當時參與反安保法運動以及反越戰運動的一群年輕人一起打造的書店。也許因爲如此，我總是覺得，那些關心社會的年輕人當年爲此投入的熱情，餘熱還留存於模索舍的書架間，日本社運精神還沒有澈底消滅，火焰還在微微發著光，對我來說模索舍是這樣的一個空間。

榎本先生告訴我說，似是日本公安局的成員也爲了購買那些機關報而特地來模索舍，應該以便監視左派政治團體的動靜。「革命的共產主義者同盟全國委員會」（中核派）、「日本革命的共產主義者同盟革命的馬克思主義派」（革馬派）等組織謀求過、進行武裝鬥爭是幾十年的事，現在他們根本沒有足夠的勢力和意圖，去策動恐怖行爲什麼的。這樣的現況中公安局還在認認眞眞地透過模索舍試圖得到關於他們的消息，這個事實，實在讓我感到有點荒謬。

"那麼模索舍真是危險的書店嗎？"

二〇一六年十二月出版的日本雜誌《Brutus》[10]第八三八號，專題為「危險的讀書」（危険な読書），從各種視角推薦「也許會改變你人生的一本」，其中模索舍作為「危險的書店」得以介紹。榎本先生述說：「受採訪的機會不少，但常常被媒體認為『模索舍販賣奇奇怪怪的、敏感議題的、給讀者以刺激的書』，很多人對我們抱有這樣的印象，但實際上我們並非如此。」

7《プロレタリア通信》，豊島文化社發行

8《反戦反天皇制労働者ネットワーク》，反戦反天皇制労働者ネットワーク發行

9《解放新聞》，解放新聞社發行

10《ブルータス》，マガジンハウス發行

在日本一九六〇年代至七〇年代的學運挫敗，隨著消費主義的成熟，整個社運圈漸漸失去活力，這個過程裡，一般民眾的頭腦中，「左派」、「社運」、「學運」等詞彙就變成貶義詞。我想現在大家一聽到「左派」，其中不少人就會聯想到「暴力」、「危險」等詞彙，甚至可能把「反核」這種與左右思想的分別沒有直接關聯的立場也與「反社會」的觀念關聯在一起。那麼模索舍眞的是危險的書店嗎？店裡販賣的書，「反社會」色彩太強烈嗎？還是大家所想像的「危險」的定義本身帶有偏見和歧視，因此沒能以公正的眼光看待模索舍裡的書？我作爲一個模索舍的衷心粉絲，本來想主張：「模索舍一點也不危險，有些人把模索舍看成危險的書店，那就是因爲他們無知！」不過我同時要承認，在模索舍的書架上親眼看到「東亞細亞反日武裝戰線」的瞬間，確實就不得不問自己：「嗯？模索舍眞的不危險嗎？」

”在模索舍，無論是社運團體的機關報、獨立刊物或普通新書，銷售額不僅大大不如以前，也持續惡化“

因日本經濟一直處於低迷的狀態，不可能恢復高度經濟成長期的繁榮，包括書店在內的整個零售業走下坡，再加上進入廿一世紀後網購逐漸成爲日本老百姓日常生活中的一部分，透過亞馬遜爲主的網路書店購買書的人越來越多，實體書店的銷售額下降的趨勢更加嚴重。在模索舍，無論是社運團體的機關報、獨立刊物或普通新書，銷售額不僅大大不如以前，也持續惡化。

二〇一〇年模索舍迎接成立第四十年時，模索舍的舍員們以及由有志人士們組織的「模索舍再建實行委員會」策劃舉辦一場紀念活動「第四十年的模索舍」，創辦人五味正彥先生、前舍員、支持模索舍的音樂評論家、電影評論員、作家、編輯等各界人士在發言中提出模索舍在社會中存在的意義，並一起討論爲了讓模索舍存活下去該做的事。以此前後成功募集了總共六十八萬一千九百三十三日圓的捐款，紀念活動也圓滿結束，但讓人難過的是，當年大家爲了振興模索舍而做出的這些行動，最後也沒能控制住業績不斷惡化的趨勢。

坐在櫃檯裡的榎本先生愁眉苦臉地訴說：「今天的業績也不佳，自二〇〇〇年以來沒有業績好轉的跡象，其實一直很辛苦，比以前更辛苦。」買書的人也變少的情況下，榎本先生還是每月必須應付房租、進書費等各種開銷，其困難是可想而知的。他把爲付款這件事而傷腦筋時的心情形容爲「辛苦到使我煩死的程度」。模索舍的樓上有一家咖哩店「草枕」，有一次在模索舍買完書，因想要嚐一嚐他們的咖哩而上樓。結果客人太多，進不去。模索舍和草枕，在中午時的客人多寡，確實呈現鮮明的對比……。榎本先生半開玩笑地解釋模索舍與草枕之間的關係上發生的變化：「以前大家說模索舍的樓上有一家咖哩店，但現在很多人說草枕的樓下有一家書店。出版界的人也這樣啊。」

”這樣的書店，即使在主流社會的標準中不會被認為很成功，但我作為一個失敗的書店員，還是得像對待自己的親人一樣愛到底“

榎本先生把模索舍目前所處的狀態形容爲「打後退戰」，就是書市環境慢慢往下沉的前提下，如何盡可能呈現模索舍在社會中存在的價值。我聽到「打後退戰」這樣的形容，就不禁想像，若我是他，現在當模索舍的舍員，每天帶著什麼樣的心情工作？整天一個人待在狹小的店裡，買書的客人不多，但有數不盡的瑣事非得做，同時被房租和進書費用的事困擾著。長時間過這樣的日子，就算有多偉大的書店理想，身心還是會慢慢疲憊下去，曾經抱有的熱情也可能會逐漸流失。

我想到此，就問榎本先生說：「那你有沒有想過離開模索舍？有沒有對自己說過『不行，這裡待不下去的，我應該做別的工作』？」

他述說：「雖說有很多困難，但畢竟是一個人在店裡，工作節奏其實是蠻鬆弛的，但這樣持續下去眞的可以嗎？」他聲音帶有點激動的色彩又說：「一般人看到我在店裡的樣子，應該會覺得『啊!?這樣的服務態度不行吧！』我現在的工作模式在其他職場行不通，是不是？我是這麼認爲的。想一想做別的事？其實沒那麼容易想起具體要做什麼……。」我聽他這麼說，坦白講，覺得他跟我有點像，相對是那種對自己的信心不高的人。

我採訪過的獨立書店老闆們，他們就算經濟不寬裕，但實際上通常都是很聰明、很能幹的人。因此哪怕他們展現自卑的一面，或說自己的能力不足時，我腦海中還是忍不住會想：「哎呀但你能力還是比我高嘛，不用太謙虛。」、「你們這樣的人永遠不明白像我這種眞廢柴的心情呢。」我做出這種諷刺的反應實在不太好，但難以控制自己的情緒。但當榎本先生很自卑地告白自己的尷尬處境時，我反應如何呢？或許因爲在訪談中，我清楚看到榎本先生確實像我一樣，有不太善於與人溝通的一面，因此當他對我說：「我現在的工作模式在其他職場行不通吧」的時候，不好意思，請讓我講實話，那時即使我口頭上說「不會這樣吧」，但心裡無法抑制地想：「你可能說得對……。」

這樣說聽起來對榎本先生有點不禮貌，但對我來說，實情是，我對榎本先生這種「不太善於溝通」的印象反而使我更加愛上他和模索舍。我在他身上感覺到稍微難以適應主流社會的人常有的某種氣質，而得到強烈的共鳴，就想大聲說「啊我也跟你一樣」，從此得到一種在日本書市的一隅終於找到同類人的感覺。這樣的書店，即使在主流社會的標準中不會被認為很成功，但我作為一個失敗的書店員，還是得像對待自己的親人一樣愛到底。

”辦活動的標準是，我遇到某一本書能否覺得「這樣的書，非由模索舍來推廣不可！」“

我這樣描寫模索舍，可能難免讓有些人認為它是一間客人寥寥無幾、缺少生命力的書店。我在此必須說明一下，雖說上面我似乎故意強調模索舍面臨的危機，但榎本先生絕沒有在困境中保持沉默，而在做各式各樣的具體嘗試以便使得模索舍發揮它在社會中應擔負的責任。

其中一個實踐是每兩個月舉辦的活動。我確認一下去年（二〇一六年）活動的講者名單，覺得好厲害，因爲那些講者大部分都是在日本次文化圈很受矚目的人物，例如美佳子・布雷迪（Brady Mikako）、栗原康以及相澤虎之助。美佳子・布雷迪定居於英國，從內在的視角寫歐洲時事評論，而最近受到廣泛日本讀者的歡迎，去年出版了一本文集《歐洲呼叫中——從底層發出的政治報告》[11]；栗原康是長年研究無政府主義的學者，同樣是去年出版的一本書《把村子點火，再變成白痴 伊藤野枝傳》[12]，在二〇一七年紀伊國屋人文書大獎排行榜上名列第四名；相澤虎之助是影像製作集團「空族」的成員，「空族」二〇一一年推出的電影《Saudade》[13]在二〇一一

11《ヨーロッパ・コーリング——地べたからのポリティカル・レポート》，ブレイディみかこ著，岩波書店出版，二〇一六

12《村に火をつけ、白痴になれ 伊藤野枝伝》，栗原康著，岩波書店，二〇一六

13《サウダーヂ》，富田克也導演，空族發行，二〇一一

年南特三洲影展中獲得最高獎賞等等。

榎本先生在每天的營業中若遇到某一本書，看到作家在書中寫的內容包含著某種思想或精神，應該由模索舍來傳達給民衆，便會主動跟作家或出版社聯繫。他說：「辦活動的標準是，我遇到某一本書能否覺得『這樣的書，非由模索舍來推廣不可！』」因爲模索舍的空間狹窄，所有活動都在附近的一間酒吧「Café Lavandería」進行，沒有固定的門票費，但在活動中參加者被鼓勵以自由樂捐的形式表達對講者和模索舍的謝意。藉著這些活動賺錢是不可能，但對榎本先生來說，那不是重點。「我只想讓大家看到模索舍還在活躍的樣子。這就是辦活動的最大目的。」圍繞於活動的所有業務都由榎本先生一個人來擔負。這樣說或許有點誇張，但我想像一下看起來寡言少語的他，匆匆忙忙地聯絡講者、做宣傳、當主持人的樣子，還是抑制不住心中湧現莫名其妙的感動和對他的敬佩之情。

”「不管怎樣，我心裡確實一直有『使命感』。」使命感，我好像好久沒有從某人口中聽過這個單詞“

我在訪談中清楚看到，榎本先生的情緒在「正面」與「負面」之間搖擺不定的樣子。他講完包圍模索舍的種種悲觀因素後，總結說：「無論如何我想透過各種手段盡可能活化模索舍，當然同時要保留它自成立以來具有的氣氛」，但這麼說完還是加一句「不過眞的實在好辛苦——」。我安慰他似地問說：「你在模索舍度過的這幾年中認識了很多人吧。這種人與人之間的連結是在其他地方可能得不到的，對不對？」他說：「嗯，沒錯，確實我在模索舍才認識了各式各樣的客人與出版業的人。我想相信這樣的經驗給我的人生帶來精神上的財富」，但還是補充說：「雖說很辛苦……。」

這樣談來談去，我們之間很難帶起樂觀的氣氛，反而鬱鬱的情緒籠罩著我們倆的心頭。訪談快結束時，榎本先生忽然說：「不管怎樣，我心裡確實一直有『使命感』。」使命感，我好像好久沒有從某人口中聽到這個單詞。現在帶著使命感工作的人還算屬於少數吧，很多人只爲了謀生而工作。我本人也很少思考自己是否帶著使命感從事書店裡的業務，反倒在工作中常常覺得自己在社會中的存在根本沒有什麼意義，而感到微微的哀傷。

所以，我覺得榎本先生就算有種種煩惱，但還能夠帶著使命感讓模索舍營業下去是多麼可貴難得的事。無論日本書市的整體狀況多惡劣，模索舍的前途多渺茫，但不能放棄，因爲心中一直存在著無法抹掉的使命感，就是有責任把一九七〇年代擁有理想的一群年輕人協力打造，經過四十幾年的時間，由無數舍員、客人、作家慢慢醞釀、維護的精神與文化價值傳承下去。能夠聽到榎本先生親口說「使命感」，並在其中感覺到他作爲模索舍的舍員不易動搖的意志，僅僅這一點就足以使我相信這次訪談的意義，也給我在自己所站的地方繼續努力的勇氣[14]。

14 作者註：除了榎本先生以外，模索舍還有另外一位舍員，名字是神山進（Susumu KAMIYAMA）先生。另外，關於模索舍的歷史，我參考了《模索舎取り扱い　定期刊行物リスト　2013年改訂版》（模索舎出版，二〇一三）、《メディアと活性》（細谷修平編，インパクト出版会出版，二〇一二）這兩本書。

1

2

1 模索舍座落於靖國路旁的巷子上，塗料剝落的木板外牆，像長年經受風吹雨打的山中小屋。

2 店內排書風格非常獨特，以「赤軍」、「全共鬥」、「TPP」等非主流關鍵詞來進行分類。

3

3 模索舍堅持言論自由，推動「反核」、「反死刑制度」、「反天皇制」、「保護少數民族權利」等社運主張。

4 大量的社運團體機關報，除了直接向製作單位訂購的方式以外，目前很可能只有在模索舍買得到。

舍員榎本智至（Satoshi ENOMOTO）先生

模索舍（もさくしゃ）

地址｜東京都新宿區新宿 2-4-9

電話｜03-3352-3557

營業時間｜無定休，平日 13：00-21：00，
周日、國定假日 13：00-20：00

經營書種｜政治類、社運類新書、Minicomi & ZINE（獨立刊物）、政治團體的機關報（左派右派都有）

開業年分｜一九七〇年

官網｜http://www.mosakusha.com/

推特｜https://twitter.com/mosakusha

導航資訊 

造訪紀錄

二〇一六年十二月廿一日
進行採訪

完稿日期

二〇一七年六月
完成初稿

二〇一九年三月
增修部分內容

藤子文庫（ふじこぶんこ）

在綠色公園商店街這樣的社區，安安靜靜地賣舊書，偶爾與客人們閒聊

店名小故事

我環視一下店內，發現櫃檯裡一大堆書籍，問說：「這都是客人賣給你的嗎？」店主鈴木先生眼睛發亮著，用稍微激動的語氣回說：「對，終於收到藤子不二雄的漫畫。」鈴木先生一講起藤子不二雄就滔滔不絕無法停止。他說：「我國小時，第一次用自己的零用錢買的一本漫畫就是《哆啦A夢》第八卷，當年有一陣子我差不多每個晚上一定要先翻一翻《哆啦A夢》後才睡覺。或許甚至可以說，我透過藤子不二雄的漫畫而得知這世界的複雜性。」藤子不二雄是鈴木先生最喜歡，最尊敬，對他人生最有影響的藝術家之一。因此他給自己的書店取名為藤子文庫。

藤子文庫是獨棟的小小房屋，低著頭鑽過印有店名的布簾就有拉開式的門。

”在這樣的地方開舊書店，能撐下去嗎？“

二〇一五年十一月的某一日，我拉著被舊書塡滿的旅行箱去東京西部的郊外之地國分寺，參加了一場在此舉辦的「一箱古本市」。那天我擺攤的主要目的是販賣自己製作的小小刊物名爲《亞細亞的本屋磨磨蹭蹭放浪日記》[1]，內容是寫最近幾年自己在亞洲各國逛當地獨立書店的經驗。我把它秀面陳列在最顯眼的位置，緊緊張張地等待客人的來臨。

不久兩三位客人走過來，他們很快發覺它的存在，並把它拿起來翻一翻。極其缺乏信心的我忍不住跟他們自卑地說：「啊，太尷尬了，這是我製作的小刊物，寫得很爛，根本不値得購買。」即使我這麼說，但其實客人的手碰到它的那瞬間，我的心臟砰砰地跳起來，暗暗期待客人們喜歡上自己的作品。結果如何？他們大都說出「是噢？很有趣啊」之類的客氣話，但最後還是把它放回原地，安安靜靜地走開。連一本也賣不出去的狀況持續越久，我心情越沉悶，控制不住自己心中湧現的悲傷之情，自虐地唸叨：「哼，我根本寫得不好，誰想要這樣的爛東西啊！沒有人對我的經歷感興趣吧。」我整個腦子被這種自暴自棄的情緒完全支配，垂頭喪氣之際，有一個人忽然走過來。他看起來四十歲出頭，臉上帶著一副圓形眼鏡，頭上戴著用毛線做的帽子，臉頰帶有微微的紅色，眼光親切和藹，呈現一種樸實寡言的形象。他在我攤子前蹲下來，翻閱一下《亞細亞的本屋磨磨蹭蹭放浪日記》，便輕輕鬆鬆地跟我說：「我想買這一本。」我無法相信自己的耳朵，戰戰兢兢地說：「眞的嗎？你眞的要這本嗎？這本沒那麼好看耶，眞的可以嗎？」他用沉靜的聲色回答：「對啊。」終於出現《亞細亞的本屋磨磨蹭蹭放浪日記》的第一位讀者，我實在太過感激，使得收下一百塊日圓的手一直在發抖。他離開前告訴我說：「我平常在網路上賣書，明年打算要開實體舊書店，叫藤子文庫。」他算是把我從絕望的邊緣中救出來的大恩人，聽到這樣的話，就不可能不以實際行動來對他表示支持吧。所以我大聲跟他宣布：「開幕後，我一定要拜訪哦！」我回家後立即在臉書上將他加爲好友，知道他的名字爲鈴木博己先生。

二〇一六年三月十五日，鈴木先生在自己的部落格上寫了一篇文章公布：「今天，藤子文庫默默開張了。」所在地是武藏野市內，自JR三鷹站北口步行三十分鐘左右才可達，附近有一個地標性

1《アジアの本屋ダラダラ放浪記》，池內佑介著，個人出版，二〇一五

大型市立公園名爲綠色公園，周圍林立著主要以中產階級家庭爲居民的公共樓房。藤子文庫旁邊有一條小小的街道，叫做綠色公園商店街。我小時候常常在這條商店街上走來走去，記得那些年此地有肉鋪、魚鋪、菜鋪、五金店、理髮店、餐廳，租錄影帶店，還有咖啡店、茶葉鋪、日式甜點店等各種小商店，氣氛還算熱鬧。不過二十幾年過後的現在，還在營業的店家明顯少了很多。就算還在營業，店主們的高齡化趨勢較嚴重，鋪子裡的商品與以前比起來明顯匱乏，難免給人一種整條商店街枯萎下去的感覺。這樣的時代開一間舊書店，選擇人流多的地段當然非常重要，從這個角度來講，藤子文庫所擁有的條件已經相當的不理想。加上考慮其周圍的社區逐漸失去活力的事實，就有點難以想像一家小小舊書店在此地能夠長久生存。所以我第一次站在藤子文庫門口時，就不禁驚訝地說：「在這樣的地方開舊書店，能撐下去嗎？」

”藤子文庫在某種程度以書來體現日本昭和時代的精神面目“

藤子文庫是獨棟的小小房屋，低著頭鑽過印有店名的布簾就有拉開式的門，整間店的設計有一點點日式居酒屋的味道。跨進門左邊有兩三個人可坐下的小小吧檯。我先在其中一個位子坐下來，問一下鈴木先生這裡有沒有咖啡。他說：「有，現在的推薦飲品是冰咖啡，要不要嚐一嚐？」我摸一摸肚子，沉默兩三秒，說：「嗯……啊，我腸胃不太好，還是點一杯熱咖啡好了。」他開始泡咖啡，我就站起來，再一次瀏覽一下店內的書。店面很小，面積大概只有三坪左右，總共有五、六排書架，其中兩排在店中央背對背立著，其他的都靠在牆壁上。書架上的書，按照文庫本、時代小說、日本現代文學、女性作家、日本傳統藝術、外國作家、環境議題、飲食文化、世界歷史、日本歷史、宗教等各種題材分類得整整齊齊。

鈴木先生遞給我咖啡，我又在吧檯的椅子上坐下來，再一次環視一下店內，而在櫃檯內發現一大堆書籍，便問說：「這都是客人賣給你的嗎？」鈴木先生眼睛發亮著，用稍微激動的語氣回說：「對，終於收到藤子不二雄的漫畫。」

藤子不二雄，由兩位傑出的漫畫家，藤子．F．不二雄和藤子不二雄Ⓐ組成的共同筆名，是經典漫畫作品《哆啦A夢》的作者。他們倆都如漫畫之神手塚治虫一樣，無疑是日本漫畫史上的國寶級人物。藤子不二雄是鈴木先生最喜歡，最尊敬，對他人生最有影響的藝術家。因此他給自己的書店取名為藤子文庫。鈴木先生一講起藤子不二雄就滔滔不絕無法停止。他說：「我國小時，第一次用自己的零用錢買的一本漫畫就是《哆啦A夢》第八卷，當年有一陣子我差不多每個晚上一定要先翻一翻《哆啦A夢》後才睡覺。或許甚至可以說，我透過藤子不二雄的漫畫而得知這世界的複雜性。」

可能因為鈴木先生對藤子不二雄的敬佩之情太深厚，在我眼裡他偶爾會露出對當代作家的一點點不滿。他述說：「我看藤子不二雄的作品，可以看出他們深受落語（らくご）、講談（こうだん）、繪圖物語（絵物語）等日本古典俗文化的影響，但當代作家們沒有經過這種古典藝術的洗禮。現在很多漫畫家只從漫畫吸收文化養分，因此只能以自己看過的漫畫為出發點構思作品。我在看這些當代漫畫家的作品時腦海中偶爾浮現『單薄』、『單純』等形容詞。這是因為我總是禁不住拿藤子不二雄的水準來比照其他漫畫家呢？還是因為當代漫畫家的作品眞的有可以用哪些詞彙來形容的特徵嗎？這很難說。但無論如何，我個人覺得，日本的整體文化水準，不管漫畫還是小說，確實從藤子不二雄還在的時代下降。」大家可能覺得鈴木先生在此提出的觀點太有偏見，但在此我不想討論「當代作家在文化水準上不如以前作家」這樣的推論是否正確。我只想說，我們透過聆聽鈴木先生的話就能夠深深感受到，他對藤子不二雄所代表的昭和時代作家群的嚮往，以及對那些年的文化風景所抱有的懷舊之情。了解一下鈴木先生這樣的一面，再看看店內的書，發現書架上其實有不少山口瞳、野坂昭如、伊丹十三等作家的著作。這些作家的作品各有各的風格，但在我的理解裡，他們畢竟都是在一九三〇年代初出生，幼小時體驗過戰爭，都具有反省過去並對自己所在的時代負責任的眞誠態度。這確實是在當代作家的作品中比較少看到的氣質。我覺得藤子文庫在某種程度以書來體現日本昭和時代的精神面目。

”不想讓它變成只有精選的書、品味高級的書店，但同時也不願意它成為什麼書都有、選書上沒有什麼標準的書店“

鈴木先生從小熱愛電影，年輕時上過影像製作的學校，但走出社會後爲了謀生，從事與此不太相關的各式各樣的工作。他心裡一直存在著一種渴望，就是有一天自己一個人做小生意。他首先想過開小小的食堂或咖啡店，但親眼目睹東京都內各種獨立舊書店陸續誕生，就覺得自己也試著賣舊書是不錯的選擇，而決定從風險較低的網路舊書店開始。

鈴木先生本來沒有盡早開實體店的計畫，只打算一邊在網路上賣舊書，一邊慢慢思考事業的發展方向。但因爲願意把藏書賣給藤子文庫的人比他當初想像得更多，他的房間在短時間內被大量舊書塡滿，導致他非找另外一個可以放庫存的空間不可。不久他找到了這間小房屋，而決定把它改成能夠當做書庫兼店面的空間。如前面說明，它的附近沒有電車站，從最近的三鷹站步行還是需要大約三十分鐘的時間，再說店內的舊書，數量和種類目前都還不太豐厚，這樣的條件下只靠賣舊書來謀生之難度可想而知。「開店之前我已經做好心理準備，預期在這裡經營舊書店很辛苦，但開店後還是深深覺得『啊啊，眞的好辛苦』。」他目前除了賣舊書以外，還得在外面打工，同時盡可能降低他的生活水準，這樣做才能勉強維持藤子文庫的生意。

舊書店如藤子文庫若要在這樣的非繁華區生存下去，就應該不僅滿足店裡有好多好書的基本條件，還必須在選書上打造出與衆不同的風格。這兩點，說起來很簡單，做起來卻非常不容易。鈴木先生述說：「希望藤子文庫裡的書在某種程度能夠反映出這個社區的文化生態，所以不想讓它變成只有精選的書，品味高級的書店，但同時也不願意它成爲什麼書都有，選書上沒有什麼標準的書店。」我對藤子文庫裡的書進行觀察後的感想則是：店裡的實際狀況與鈴木先生舉起的理想之間確實存在著一定反差。鈴木告訴我說，藤子文庫剛剛開店時，店裡八、九成的書都是某一位藏書家的個人藏書，此後，其中一些書被客人們買走，也收了一些新的舊書，書架的整體樣貌有所變化，但還是留存一點點那一位客人的私人書房之味道。從前沒有在舊書業工作過的鈴木先生幾乎不去舊書拍賣市場，也很少去其他舊書店採購，主要進貨來源是從客人收書。這樣做下去，書架上的書，類型難免逐漸偏向某一方，譬如舊書市場流通量多的時代小說、幾年前的暢銷小說或勵志書等等。總之，「表面上接受一切，但一點也不雜亂，選書上呈現出獨特品味」，如何實現這樣的理想狀態，是鈴木先生還在努力摸索答案的課題。

”我所想像的商店街和當年商店街的真實樣貌之間很可能有所差距，這一點我清楚明白“

鈴木先生出身於愛知縣，從小在郊外的大型住宅區長大的他，對傳統商店街的生活型態和其中存在的有人情味的密切人際關係一直抱有憧憬。他直率地說，小時候常看的肥皂劇培養了他對日本傳統社區的想像，典型的劇情就是每一集在商店街發生種種糾紛，使劇中人物們腳忙手亂，不知所措，但到結尾，問題總算得以解決，最後大家都聚集在商店街上的小小居酒屋，聊得歡歡樂樂，把過去的一切一笑了之。他述說：「可能這是一種懷舊病，我所想像的商店街和當年商店街的眞實樣貌之間很可能有所差距，這一點我清楚明白，不過無論如何，我之所以想要有自己的實體舊書店，在某種程度是因爲我希望透過它來促進社區居民之間的連結。」從這樣的意願出發，裝修的階段，他在狹小的店裡硬著頭皮自己動手設置小小的咖啡吧檯，以便客人能夠在店裡坐下來休息，邊喝咖啡邊聊天。可是平日來訪的客人不多，即使他們來店裡，也是看一下店裡的書就匆匆離開。他偶爾在沒有客人的店裡，瞇縫著眼睛，從櫃檯凝視空曠的咖啡吧檯，忍不住在心裡問一問自己：「設有咖啡區，這個決定是對的嗎？」

鈴木先生談談目前的處境，語氣表露出微微的哀愁，似乎他自己也還不太相信藤子文庫在這個社區所存在的意義。難道藤子文庫在這個社區存不存在沒有什麼區別嗎？我還是相信，一間小書店如藤子文庫在這個社區存在是非常有意義的，就算它目前在業績上有所困難。

這二、三十年間，尤其在日本的偏鄉地帶，各社區的面貌逐漸被改觀，變化的大體方向，是在傳統市區的外圍地帶，開發商致力於蓋建住宅公寓以及大型超市等複合式商業設施，隨之原來生活在市區的人口逐漸往外流失，造成市中心的空洞化，早年生意鼎沸，極盡興隆的市區商業圈從而慢慢失去活力。

我一直認爲這樣的趨勢主要在偏鄉地區越來越嚴重，而跟身爲東京人的自己沒有太大關係。不過我這幾年走一走自己從小長大的社區，就發現其實在東京都內也正在發生類似於傳統社區空洞化的現象。

藤子文庫旁邊的綠色公園商店街，如在這篇文章的開頭所寫的，一九九〇年代初還算熱鬧，各式各樣的小商店還健在。現在的綠色商店街則變得很安靜，不少店鋪整天放下鐵捲門，看不到還在營業的跡象，其中一些店就算有開，活力明顯不如以往。它變成如此，其中最單純的原因，應該是整個社區的少子化與高齡化。人口變少，客人的數量也隨著減少，店主們的平均年齡持續上升，想繼承他們事業的年輕人卻不多。除此之外，進入廿一世紀後一間大型連鎖超市在綠色商店街的對面開業，從此很多居民選擇在商品種類既豐富，價格又便宜的那間超市買東西，這個趨向給綠色公園商店街上的小商店們帶來重大的打擊。

”綠色公園商店街目前所處的困境在一定程度上確實是我們一直追求方便、便宜、沒有煩躁人際關係的生活而來的結果“

小商店通通被大型企業淘汰，從前以它們爲媒介而維持的人際關係漸漸虛弱，有些人目睹這樣的趨勢而感到危機，覺得應該透過具體的行動來活化整個社區。確實，這樣走下去的話，說不定以小商店爲主力的綠色公園商店街在不遠的未來將消失不見，但問題是若想要拯救它，我們要具體做什麼呢？將綠色公園商店街往哪一個方向發展下去才會有生存的可能？

探討這個難題，首先非得直視兩個事實，第一就是我們悲嘆小商店從我們社區裡消失，但實際上這個變化對我們的生活沒有造成嚴重的不便。譬如若在家裡附近出現一間大型超市，除了商店街裡的小商家以外，通常不會聽到社區居民對此抱怨的聲音，大家能夠在大型超市以便宜的價格買到自己想要的東西就會好開心，沒有什麼理由爲此感到不滿。

第二是綠色公園商店街目前所處的困境在一定程度上確實是我們一直追求方便、便宜、沒有煩躁人際關係的生活而來的結果。我們買東西，相信越便宜越好，再加上因爲生活很忙碌，到不同小店買不同東西很麻煩，希望去一間大型超市就能夠買齊想要的一切。而且不少人實際上買東西時不太願意與老闆或店員進行互動，對他們來說，大型超市的購物環境很舒適。看來，傳統小商店面臨經營危機，只有一部分大型連鎖零售店繼續生存，社區居民之間的關係變薄弱，整個社會往這樣的方向漸漸變形，主要原因還是與我們所渴望的生活模式有著密切的關聯。

”某種無法以損益來衡量的使命感推動我走這條路“

以上事實讓我們看到，在這個時代重新一次活化社區的難度。我們都知道要凝聚社區居民的力量，以便於在社區中再一次營造人與人之間的連結，但同時得承認，若只單純地試圖復活傳統商店街原來的生活和商業形態，就不太可能有理想的結果。我們不得不想辦法以適合這個時代的方式，一步步地打造並鞏固社區居民之間在生活和感情上的連結。沒有人在這相當複雜的課題上擁有萬能藥式的絕妙主意。或許正因爲如此，我在綠色公園商店街上看到某人開始做一些新的嘗試，哪怕它是微小或不起眼，只要我能夠看到它的潛能，覺得它在這個社區可以促進人與人之間的交流，自己心中總會湧起微微的感動。

我第一次踏進藤子文庫時的心情就是如此，像那種沙漠中突然遇見綠地般的清爽之情撲面而來。鈴木先生述說：「我決定開一間舊書店，其中一個理由確實是我想要以它爲媒介產生人與人之間的連結，從商業的角度來講，我知道這是多餘的期望，因爲做生意的根本目的是掙錢。這時代硬著頭皮將舊書店當做自己的人生事業，其核心價值或許已經脫離生意的本質。這樣說太誇張，但坦白講，我有一種感覺，就是某種無法以損益來衡量的使命感推動我走這條路。」我聽完他這麼說，心中哭喊著說：「鈴木先生，無論藤子文庫的前途多渺茫，我會支持到底的。」我太容易被感動，但這確實是我當時做出的反應。

”以緩慢卻堅實的腳步成為社區居民的生活中理所當然存在的一幅風景“

寫到這裡，好像我對藤子文庫的眼光太過悲觀，有一種絕望中尋找一絲光明之嫌。不過平心而論，我待在店裡的時間越久，就越清楚地發現，以藤子文庫爲媒介的人與人之間的連結正在以緩慢的速度形成，不少鄰居的心中它已經占有重要的位置。我還在與鈴木先生攀談時，有一位鄰居阿姨突然走進來，環視一下店內便說：「我今天整理房間，找到一大堆丈夫的藏書，你可不可以收？」鈴木先生爽朗答應，她就表露開心的表情說：「眞的？太好了，那我過一會兒把那些書帶過來吧。」而後喜氣洋洋地離開。鈴木先生告訴我，最近像她那樣，打掃房間時找到某人藏書，而把它們帶過來賣的客人不少。這一帶社區的居民，以前在家裡若有一大堆書要處理，不甘心全都扔掉，但附近沒有願意收書的舊書店。對這些人來講，藤子文庫的誕生是一種福音。或許還沒能將藤子文庫形容爲生活在附近的愛書人交流的平臺，但它至少已經是，社區居民想要賣自己藏書時，腦海中首先出現的名字。

過不久又來了另外一位阿姨，她也是鄰居，好像是熟客，喘吁吁地告訴鈴木先生，她最近在圖書館借了一本書，非常喜歡，想知道藤子文庫有沒有。那一本書就是瑞秋・卡森《寂靜的春天》。我差一點跟她說：「哎呀，不行吧。這是一間舊書店，不可能你想要什麼就有什麼。」鈴木先生也許抱有同樣的心情，臉上呈現著有點苦惱的表情看一看書架上的書。讓我們驚訝的是，他大概找了不到五秒，書架上竟然就發現一本《寂靜的春天》。阿姨激動不已地說：「哇，眞的有啊！太好了，果然是藤子文庫，很厲害！」我很想對她勸說：「喂喂，等一下，今天在店裡正好有你想要的書純粹是偶然的，你下次尋覓另外一本書，很可能不會這麼幸運哦。」她還是抑制不住自己的興奮，把手上的巧克力放在咖啡桌，開玩笑似的說：「這些甜點是給你們的。哦，別誤會啊！完全沒有以它們來交換書的意圖。請稍等，我要把錢包帶來。」我在店裡目睹鈴木先生和客人之間，發生這種充滿活力，又帶有一點點幽默成分的互動，不知不覺間一股暖意在自己心中湧上來。我不知道鈴木先生所想要的人與人的連結，其理想樣貌如何。他或許渴望更有人文關懷和知識內涵的文青對話，希望與客人們深入談論文學、電影、音樂等與藝術相關的話題。但無論如何，這一系列鈴木先生和客人們之間的互動，使我深深發覺，藤子文庫已經緊緊扎根於這個社區，以緩慢卻堅實的腳步成爲社區居民的生活中理所當然存在的一幅風景。

”我想要的連結是這種與旁人共有歷史的感覺，對我來說，這樣的生活才是充實的生活“

鈴木先生抱著什麼樣的覺悟決定扎根於這個社區，並有耐心地一步步培養藤子文庫與社區居民之間的連結？關於這一點，一件軼事給我留下了深刻印象。二〇一六年一月，我在國分寺的一間舊書店「Madosora堂」辦了一場小小座談會，與聽眾們分享我在亞洲各國逛書店的經歷，主要給他們介紹臺灣、香港與中國的獨立書店，那天鈴木先生也在場。座談會結束後，他在推特上這樣描述聽完座談後的心得，並重新確認自己在這個社會中想要擔任的任務：「今天的座談，那種不同文化輕輕鬆鬆地跨越國境往來的樣貌眞的好吸引人。但是呢，我個人還是想要好好地扎根於目前所處的這個地方而踏踏實實地活著。希望至少自己能夠成爲如一枝小小棲木般的場所，讓來訪的人得以在此休息，鬆一口氣，想要以此爲目標繼續努力。」

現在這個時代，我們每天在社交網路等媒體，看到一些人在不同國家間自由自在地來來去去，呈現看起來華麗多彩的生活，看著看著就漸漸受那些人的感染，而開始覺得不停地移動，在不同的地方不斷認識新朋友，做一些獨特的嘗試或挑戰，才是有意義的生活，接著認爲停留在同一個地方每天過平淡無奇的日子是一種可悲的人生。這類「我們都應該以世界爲舞臺活躍」的價値觀目前占優勢的日本社會中，我想鈴木先生在推特上表達的，扎根於某一個地方的意志會有更多的意義。我們都帶著焦慮的心情想要成為有能力在不同國家間謀生的所謂「全球化人才」，這樣的態度，當然不應該全盤否定，但我同時忍不住想，假如社會大部分人士的觀念和價值觀往這方向傾倒，這個世界會變成如何呢？

鈴木先生述說：「其實我也有對移動的憧憬——去不同的地方，就會得到那種變化所帶來的新鮮感吧，那樣的生活應該很有趣。但是呢，如果大家都不斷地移動，人與人之間在情感上就難以培養深厚的連結吧。敢於扎根於當地社區，並在某種程度承擔其過程中出現的種種責任或矛盾，有這樣的態度才會有可能鞏固自己與社區居民之間的連結。譬如，晚上到一間常去的居酒屋就能見到自己所認識的鄰居們，大家的感情隨著時間加深，幾年後還是在同一間居酒屋開開心心地談往事，我想要的連結是這種與旁人共有歷史的感覺，對我來說，這樣的生活才是充實的生活。」官方不斷地試圖給國民灌輸「我們都必須成為全球人才」的意識形態，這樣的情況下，我們或許更加需要如鈴木先生這樣，不會過多地受這些意識形態的影響，而願意長年停留在同一個地方，平心靜氣地從事某一件事的人才。

”鈴木先生正在做的這些，非常在地的同時，也是一種把自己的身體放在世界性的問題中，尋找出路的體現“

一直停留在綠色公園商店街這樣的社區，安安靜靜地賣舊書，偶爾與客人們閒聊。若繼續度過這樣的生活，是不是漸漸落後於時代的潮流，而最後陷入難以持續營業的困境？有人看到藤子文庫現在的狀態，可能會這麼想。不過我覺得不一定會是如此。臺灣、香港、中國、日本、韓國等亞洲地區的經濟已經都發達到一定的程度，而各地區的市民社會也漸漸成熟起來，這些地區之間的人與物的往來越來越緊密頻繁。在這整個過程裡，我們看到的整體趨向是，這些不同東亞地區所面臨的社會問題越來越相似。譬如，某一個郊外社區裡出現一間大型連鎖超市，其存在使得長年支撐社區居民日常生活的傳統商店街一步步衰落。這種現象不僅在日本發生，在臺灣、香港、韓國和中國也都能夠看到。從這個意義來講，扎根於活力不如以往的商店街旁，透過書來促進人與人之間的連結，爲活化整個社區而付出微薄之力，鈴木先生正在做的這些，非常在地的同時，也是一種把自己的身體放在世界性的問題中，尋找出路的體現。

抱著虔誠的心扎根於某個社區，做一些在地的小小事業，爲自己身旁的人服務，而不知不覺間與外面的世界逐漸有某種連結，說不定將來會有互相交換意見或一起合作的機會。我在鈴木先生的身上和藤子文庫裡清楚看見的就是這種正面的可能性，從此之後在我心目中，鈴木先生已經成爲眞正意義上的全球人才。

”現在我們能夠看到綠色商店街以及周邊地區逐漸復活的趨勢，整個社區好像變得越來越有趣“

讀完這篇文章以後，有些讀者可能會覺得綠色商店街是陰沉沉的地方，我在此得強調，實際情況並非如此，其實綠色商店街上也正在發生一些正面的變化。

譬如二〇一七年綠色商店街上成立了一間公用廚房叫 MIDOLINO。若有些人想要自己開小店，但因爲資金不足，沒有信心等種種障礙無法做出實際行動，MIDOLINO 就是爲了給這些有夢想卻沒辦法馬上開實體店鋪的人士們提供做小生意的平臺。目前（二〇二一年）在此空間裡，有咖啡店，麵包店，料理店，蔬菜店等各種店家同時或輪流營業。有些人在MIDOLINO營業一段時間後，就在附近開實體店鋪，像綠色商店街上的瑞士料理店LePré（スイス食堂LePré）就是其中一家，還聽說另外一位曾經在MIDOLINO賣料理的人最近也在別的地方開了居酒屋。看來MIDOLINO在活化社區的實踐中發揮了不少作用。除此之外，鈴木先生告訴我說，幾月前在綠色商店街附近的三谷商店街上出現兩家麵包店，那兩家店的門口每天排起長龍。

總之現在我們能夠看到綠色商店街以及周邊地區逐漸復活的趨勢，整個社區好像變得越來越有趣。大家若要來三鷹，我大力推薦你們從三鷹站北出口往藤子文庫的方向慢慢走，在路上一定會遇到一些充滿特色的小店。

1

2

1 店主鈴木先生說，希望藤子文庫能夠成爲如一枝小小棲木般的場所，讓來訪的人得以在此休息。

2 藤子文庫旁的綠色公園商店街。

3

4

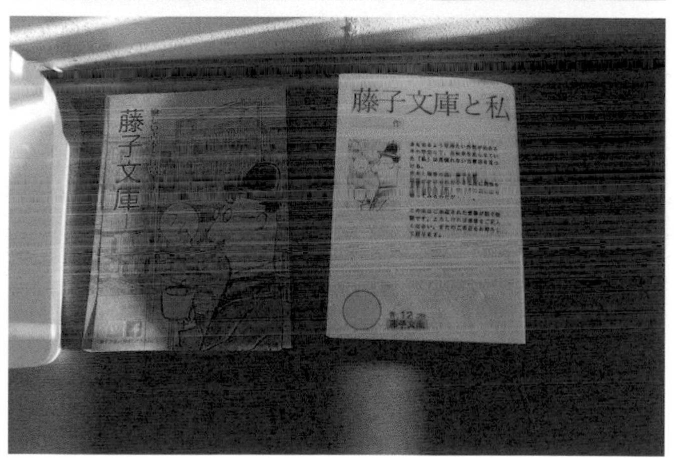

3 鈴木先生對藤子不二雄所代表的昭和時代作家群抱有許多嚮往。

4 右邊是放在店裡歡迎客人寫留言的筆記本，其造型模仿岩波書店的文庫本；左邊的則是藤子文庫的宣傳單。

店主鈴木博己（Hiroki SUZUKI）先生

藤子文庫（ふじこぶんこ）

地址｜東京都武蔵野市綠町 1 丁目 5-1
營業時間｜周一、四定休，周二、三、五 14：00-19：00，
周六、日 11：00-19：00
經營書種｜綜合類二手書
開業年分｜二〇一六年

網站｜https://store.shopping.yahoo.co.jp/fujicobunco
推特｜https://twitter.com/fujicobunco

導航資訊

造訪紀錄

二〇一七年五月五日
進行採訪

完稿日期

二〇一七年七月
完成初稿

二〇二一年四月
增修部分內容

Maimaizu 文庫（まいまいず文庫）

如果可以整天待在有書的空間裡，那有多好。心中存在的這種單純的嚮往使得我決定開書店吧

店名小故事

Maimaizu文庫的店名來自一口古老的水井，Maimaizu水井（まいまいず井 ）。它位在 Maimaizu文庫附近的小公園裡，據說是大同年間（八〇六──八一〇年）開鑿的。Maimai 在日文中是蝸牛的俗稱，從地面通往水井口的螺旋形坡道，形狀很像蝸牛，因此得名。在傳統社會裡，水井所在之處常是民眾聚集的場所，店主羽村女士希望自己的書店也能夠成為誰都可以隨意進來休憩的空間。

在沒有獨立書店的青梅地區，Maimaizu文庫簡直像沙漠中突然出現的清泉。

"若將整個東京比喻成書店銀河圖，Maimaizu 文庫就像是漂浮在銀河圖之外的黑暗中，孤孤單單微微發亮的一顆星"

我的東京獨立書店訪問之旅從國分寺的舊書店 Madosora 堂開始，某一日我漫不經心地瀏覽它的臉書，發覺其臉友名單中有一間自己不太眼熟的書店，名為 Maimaizu 文庫（まいまいず文庫），從此以後我一直有一定要拜訪它的念頭。不過這樣的小小心願遲遲沒能實現。理由很簡單，Maimaizu 文庫離我所住的地方有點遠。

它位於一個市鎮名為羽村市，算是東京的西部地區。從新宿至羽村坐電車大約需要一個半小時，先坐中央線到立川站，由此轉車坐青梅線，經過七個站才可達羽村站。青梅線的終點站為奧多摩湖，是東京的最深處，從立川越接近奧多摩湖，周邊的綠蔭越茂密。電車一旦進入奧多摩地區，兩邊的風景都變成山林，羽村的鄉村指數還沒有到那樣的程度，但已經離奧多摩很近，從羽村站的站臺上眺望奧多摩的方向，天氣好的話，就能夠看到美麗的山麓。介紹 Madosora 堂的一篇文章中，我寫說國分寺是東京的郊外。如果我把此標準再一次用上，那可以將羽村形容為遠遠跑出東京郊外的範圍，而已經深深進入東京最西部的邊疆地帶。若將整個東京比喻成書店銀河圖，Maimaizu文庫就像是漂浮在銀河圖之外的黑暗中，孤孤單單微微發亮的一顆星。

"對無論去哪裡，總是渴望遇到書店的我來說，Maimaizu文庫簡直像沙漠中突然出現的清泉"

地點如此偏遠的書店，我一直懶得拜訪也沒有什麼奇怪吧。就這樣過了數月，Maimaizu文庫的存在快要從我腦海中消失的某一日，偶然得知在羽村市的多摩河旁將要舉辦櫻花祭，覺得當天那邊的櫻花一定盛開，去的話就會看到絕美的風景，於是跟朋友約好說：「我們去這個櫻花祭看看好不好？那邊人應該沒有井之頭公園那麼多，可以在相對安靜的環境裡賞花吧！」心中卻暗暗期待：「太好了，利用這個機會我終於可以順便拜訪傳說中的Maimaizu文庫！」

二〇一六年四月八日的下午兩點左右，我們從吉祥寺站坐電車到羽村站。羽村站北面的出口沒有我想像中那麼空曠，有看起來很舊的百貨店、全家便利商店、連鎖居酒屋和咖啡廳等等。我們看著手機螢幕顯示的Google地圖慢慢走，經過一個小公園，裡邊立著一張說明牌，上面寫說這裡有一口古老的水井名爲Maimaizu水井。根據在這一帶流傳的傳說，它在大同年間（八〇六—八一〇年）開鑿，Maimai在日文中是蝸牛的俗稱。我再往裡邊走，腳下就有如火山口的巨大洞口。洞口的最上邊至最下邊的水井口有一條螺旋式的小小坡道，形狀很像蝸牛。Maimaizu水井之巨大超乎想像，我從上面一步也不動地發著呆凝望井口，就這樣大概過了五分鐘，忽然發覺：「啊今天來羽村的目的不是Maimaizu水井，我要去的是書店。」而匆匆地走出公園。

Maimaizu文庫離Maimaizu水井只有一百公尺左右的距離。羽村跟吉祥寺、西荻窪等文藝氣息相對濃厚的區域不同，從電車站出來，環視一下空曠的周圍，難以想像這裡有一間獨立書店。或許正因爲如此，我在一條安靜的巷子裡看到Maimaizu文庫的身影時，忍不住心中叫喊：「哇賽！這樣的地方竟然也有書店！」對無論去哪裡，總是渴望遇到書店的我來說，Maimaizu文庫簡直像沙漠中突然出現的清泉。我僅僅從外面窺看裡面的擺設，自己作爲舊書店評論員的直覺啟動起來，毫無猶豫地認定：「嗯，這一定是好書店。」

”它表面上很可愛，很輕鬆，但骨幹裡流淌著一股對社會議題的強烈關懷，嚴肅和輕鬆混在店裡保持著絕妙的平衡“

Maimaizu 文庫的空間爲長方形，分成兩半，靠近門的前邊是書區，後邊則是咖啡區。書架上的書按照主題排列得整整齊齊，對我來說，書量也剛剛好，每一本書自然而然地進入自己視野。這是一個很舒服的購書空間，那天雖然我差不多瀏覽了店裡所有的書，但一點也沒有感到累。其中特別吸引我的刊物是日本著名的雙月刊攝影報導雜誌《DAYS JAPAN》[1]。這本雜誌二〇〇四年創刊以來，以「有時候一張照片能夠改變國家的所作所爲」、「將來某一日，人類的意志一定會從地球消滅戰爭」爲口號，報導福島核電站、沖繩美軍基地、敘利亞內戰等，日本以及全世界所存在的種種對立和矛盾，揭開一般主流媒體不敢透露的眞相。

Maimaizu 文庫裡，除了《DAYS JAPAN》以外，書架上還有很多關於核電站、有機農業以及跟

1《DAYS JAPAN》（デイズ・ジャパン），一九八八年創刊時由講談社發行，二〇〇九年停刊時的出版社則是デイズジャパン。

性別有關的書，不難想像，這裡的店主非常關心社運、環保、政治等議題。這樣說來，Maimaizu文庫似乎是一間社運書店，試圖透過書來提高大家對社會議題的知識與敏感度。它確實有如此的一面，但我同時得強調「社運書店」的色彩只不過是Maimaizu文庫所呈現的特徵中的其中一部分而已，我覺得自己不應該太過輕易地給它貼上特定的標籤。

首先，這裡有好多兒童書和繪本，其中最引人注目的是嚕嚕米系列以及宮澤賢治的童話繪本。店裡一隅有嚕嚕米書區，專門陳列與此相關的書。不僅如此，每兩個月一次在店裡舉辦嚕嚕米讀書會，嚕嚕米的書這麼齊全的獨立書店除了Maimaizu文庫以外，應該別無其他吧。

至於宮澤賢治，他的童話繪本如《要求特別多的餐廳》、《風之又三郎》等作品秀面陳列在店裡的牆壁上，我總共拜訪了三次Maimaizu文庫，每一次都看到宮澤賢治的書在同一個位置上，可想店主對宮澤賢治擁有深厚的關懷。

這裡與羽村本土文化、歷史有關的書也不少，這一點對我來說是Maimaizu文庫的最大特色，例如書架上我看到一本書，名爲《多摩小朋友詩集》[2]，一九七〇年代末出版，收錄當年在多摩區上學的小學生們的詩作。我自己上小學時，好像從來沒有在課堂上寫過詩，只記得中學期間在國語課上嘗試寫俳句而已。書上每一首詩都津津有味，充滿著兒童時期才有的獨特視覺。我眞沒想到在羽村的一間獨立書店裡，能夠慢慢品嘗四十年前的本地小學生們所創作的詩。這一定是拜訪Maimaizu文庫才會得到的體驗。

第一次拜訪Maimaizu文庫的客人，可能先注意到嚕嚕米、宮澤賢治的童話繪本、《多摩小朋友詩集》等書，便覺得這裡是可以用「可愛」或「小清新」等詞彙來形容的Book Café（ブックカフェ）。我因爲本來關心社會議題，踏進店裡則先盯上《DAYS JAPAN》，而認爲這是「社運」色彩濃厚的書店。

我想要將Maimaizu文庫形容爲：「它表面上很可愛，很輕鬆，但骨幹裡流淌著一股對社會議題

---

2 《多摩子ども詩集》，多摩の子・多摩子ども詩集発行協議会於一九七〇年代末出版，實際年分不詳。

的強烈關懷，嚴肅和輕鬆混在店裡保持著絕妙的平衡。」我猜想這樣的購書空間，背後應該有很優秀的書店員。Maimaizu 文庫裡的選書工作應該由店主一個人來擔負吧。那麼她到底是一個什麼樣的人呢？她經過什麼樣的讀書經歷而培養出這種獨特選書風格呢？這些疑問在我腦海中陸續浮現，結帳時就忍不住跟她打招呼。

”他們聽到她的開店夢，異口同聲地說：「你在說什麼？在這樣的地方開書店！絕對不可能！」“

店主的名字是羽村幸子女士，她出生於兵庫縣神戶市，大學期間在京都生活，畢業後到東京謀生，做了各式各樣的事，譬如她曾經在東京國分寺、保谷、上野、六本木等不同地方從事過考古發掘的工作，還有因為喜歡上拉丁美洲文學而出國，在西班牙和墨西哥等地方生活一段時間。後來她在東京認識了現在的丈夫，某一日他對她說：「我到五十歲打算提早退休。」羽村女士聽到這句話腦海中一盞燈亮了一下，就有點緊張地說：「哦是嗎？我其實一直想要在沖繩開民宿……。」丈夫竟然毫無猶豫地答應：「好啊！」

他們就這樣決定移居到沖繩縣的石垣島開一間民宿。她回顧在石垣島的日子述說：「那裡既然是著名觀光地，即使我沒有努力宣傳，總不缺跟我們訂房的客人，除了發生東日本大地震的那一年之外。」她原本打算扎根於石垣島，在那個日本最南端的島嶼上與先生白頭偕老。不過在石垣島的生活將要邁入第十年之際，婆婆就開始需要有人照顧。羽村女士和先生決定將民宿的生意轉讓給一位常客，搬回東京，回到丈夫的家鄉——東京西部的羽村市與婆婆同居。羽村女士本來帶著好好照顧婆婆的心願回東京，但意外的是，搬回去不久，婆婆住進養老院。要照顧的對象平時不在家裡，她突然間有很多自由時間，她不想整天待在家裡只做家事，於是很快有了在羽村也嘗試做小生意的念頭。經過考慮後，決定開一間舊書店。之前在沖繩經營過民宿，但從來沒有在書業工作過的她，爲什麼選擇舊書店這個行業呢？

羽村女士說，她從小一直非常喜歡有書的空間。她在上國小時，每年一到暑假，就算沒有想要借的書，還是每天去市立圖書館，悠哉地翻翻書發呆。後來她去京都念大學，當時也只要有一點點自由時間，心裡就湧現往書香飄來的方向走一走的衝動，而逛逛京都街頭的各家書店。不管是選書上具備獨特風格並提供飲品的複合式書店也好，主要賣暢銷書和雜誌的傳統新書店也好，滿是灰塵的書堆積如山，擺設雜亂，老闆擺著臭臉安安靜靜坐在櫃檯裡的舊書店也好，無論是哪一類，只要有書，任何空間，她都願意逛一逛。

我向羽村女士告白說，第一次踏進Maimaizu文庫，就瞬間覺得這裡的選書很棒，店主一定對書具有深厚的知識和熱情，她卻歪著頭想一想，有點靦腆地說：「嗯……我確實從小一直喜歡看書，不過實話講，自己跟那些眞正厲害的讀書人比起來，看過的書少得可憐。與其說我喜歡書本身，更不如說我喜歡被書圍繞的感覺，我對書的情感，也許可以這麼形容吧。如果可以整天待在有書的空間裡，那有多好。心中存在的這種單純的嚮往使得我決定開書店吧。」

羽村女士搬來羽村市後認識的本地朋友們，他們聽到她的開店夢，異口同聲地說：「你在說什麼？在這樣的地方開書店！絕對不可能！」不過羽村女士畢竟是曾經從東京跑去石垣島開民宿，並成功將生意維持十年的人，無論大家對她的行爲有什麼意見，她還是聽從自己心中的願望，想做什麼就做什麼。她一旦有了開書店的衝動，沒有人能夠消滅她心中已經燃起的熱情。

”有一天在自己的社區看到一間小小的書店，好奇地跨進門，親眼看到這裡的每一本書被好好照顧的樣子，就覺得為自己的藏書終於找到合適的歸宿“

Maimaizu 文庫剛開幕，店裡的書不多，羽村女士先把自己家裡的書拿過來，放在店裡的書架上，同時積極向客人收書。她告訴我說，當初因爲書量根本不夠，很少拒絕收客人帶來的書。雖然如此，店裡一點也不雜亂，反而讓我覺得書架上的所有書都符合 Maimaizu 文庫的風格。羽村女士述說：「客人帶來的書不太適合書店的風格，這種事當然偶爾會有，但其實很多客人先來店裡觀察一下書架上的書，才跟我說『這類書我也家有很多，改天把它們帶來給你們賣吧』。」

羽村這個地方有不少喜歡看書的人。他們有時候想要賣掉一些自己的藏書，但問題是你越愛書，就越捨不得把一步步蒐集的書賣給 BOOKOFF 之類的連鎖二手書店。這樣的一群人，有一天在自己的社區看到一間小小的書店，好奇地跨進門，親眼看到這裡的每一本書被好好照顧的樣子，就覺得爲自己的藏書終於找到合適的歸宿。我相信 Maimaizu 文庫能夠給喜歡看書，並對紙本書有深厚感情的人帶來這種感覺。因爲這些愛書人的存在，Maimaizu 文庫在貨源有限的羽村市，不僅得以生存下去，也能夠保持一定的選書水準。

"像土地中的微生物培養可口的蔬菜一樣，書中的話語若能夠成為大家的精神糧食，那有多好。所以呢，我想將這間書店稱之為「耕田的本屋」"

除了開書店以外，還有另外一件事羽村女士一直想要做：那就是農業。她在石垣島的時候，家裡附近租了一塊小小田地，開始自己種菜。當時她希望此後用自己種的蔬菜來給民宿的客人提供早餐。很可惜的是，這個計畫上軌道之前，她離開了石垣島。

搬到羽村之後，看見家裡的庭院裡有可以種菜的田地，實踐「用自己種的材料來做店裡提供的飲食」的渴望在心中又燃起來。於是她在Maimaizu文庫的網站裡宣布說：「Maimaizu文庫的店主，在家裡種菜。如耕田一樣，書的力量若能夠緩和大家心中的緊張感，那有多好。像土地中的微生物培養可口的蔬菜一樣，書中的話語若能夠成爲大家的精神糧食，那有多好。所以呢，我想將這間書店稱之爲『耕田的本屋』。」

羽村女士現在每天早上起來先耕田，下午三點才開店，盡量使用在家裡的田地裡長大的蔬菜來做店裡提供的小吃和飲料，例如 Maimaizu 文庫的招牌小吃「羽村蔬菜的蛋捲三明治」，我春天拜訪時，裡面放的是菜豆、馬鈴薯、生菜以及越冬紅蘿蔔……等等，大部分都是羽村女士親手栽培的蔬菜，不同的季節就使用不同的蔬菜。羽村女士說做法很簡單，用雞蛋把所有蔬菜包起來，放一些乳酪，平底鍋上擱一點點橄欖油，煎一煎而已。味道很樸素，但能夠感受到羽村蔬菜的原味，客人的反應不錯。至於店裡提供的飲料，有天然夏橙汁，是羽村女士家裡的一顆夏橙樹上成熟的夏橙來做的鮮果汁，不放任何調味料，連砂糖也不放，酸味極強烈，但餘味好清爽。

現在設有咖啡區的書店很多，理念上盡可能使用有機材料而提供餐飲服務的也不少，但能做到店裡提供的飲品和小吃，材料也要由店主自己耕田栽培，這樣的書店在日本除了 Maimaizu 文庫恐怕沒有。從這個意義來講，我眞的覺得 Maimaizu 文庫在日本書業裡眞是一個獨一無二的存在。

”我難以相信這個社會正在逐漸變好。對社會和政治問題抱有興趣的人和對此完全沒有興趣的人之間的落差實在太大了“

二〇一七年我正式進行採訪的那天，讓我感到有點意外的是，一年前第一次拜訪時在平臺上秀面陳列的一系列《DAYS JAPAN》雜誌不見了。我向羽村女士提到這點，她就說：「二〇一五年Maimaizu文庫剛開業時，正好反安保法運動鬧得非常激烈，還記得當時每晚很多人聚集在國會門口前，進行抗議。我在那種社會氣氛裡，自己的情緒也受感染，陷入『戰鬥中』似的精神狀態。或許因爲如此，當時我在某種程度覺得自己應該積極推動體現強烈批判精神的刊物，以便讓客人直視社會中正在發生的種種不合理之事。」

羽村女士被上述的責任感驅動，當初陳列很多深入探討社會和政治議題的書，吸引了一些居住在附近的社運人士。有幾次羽村女士受邀參加他們舉辦的活動。她認爲他們所做的實踐很有意義，但跟他們一起參加具體活動的時候，她心中微微的空虛感偶爾湧上來。她忍不住問自己：「那些現在五、六十歲的前輩們，他們這幾十年的時間搞社運，我支持他們，但他們付出的努力對現實社會到底起到了多少作用？坦白講，我難以相信這個社會正在逐漸變好。對社會和政治問題抱有興趣的人和對此完全沒有興趣的人之間的落差實在太大了。」此後她開始重新思考Maimaizu文庫在這個社區眞正要發揮的角色，而最後決定暫時把《DAYS JAPAN》從平臺上拿下來。她說：「我問自己，我眞正想做的是什麼？對了，我原來擁有的願望很簡單，只希望大家透過閱讀而得以放鬆就夠了。這就是我要推動的核心價値。」

”承認自己存在之渺小，但作為一個書店員對社會還是想要發揮正面作用的時候，該怎麼辦？“

羽村女士明明想要藉著書的力量對這個社會發揮一點點正面影響，爲此將《DAYS JAPAN》放在平臺上，但不久又將它們撤下來，我對她在過程中進行的思考與做出的決定感到共鳴。我覺得自己也跟她有點像，對社會中存在的各種矛盾和問題的敏感度相對高，總想要爲改善自己所屬的社會而做實際行動，問題是讓我看不順眼或憤怒的社會、政治事件天天發生，如果我要對每一件事做出反應，自己的力氣就很快消耗至盡。而且我是一個凡人，文筆根本不怎樣，即使社交網路上寫一寫自己的想法，也無法對大衆發揮什麼影響。那麼上街參與抗議活動如何？對，二〇一一年東日本大地震發生以來，我好幾次參加了這樣那樣的遊行。但這些行動眞的有效嗎？客觀來講，至少在社會表面上那些行動所起到的作用非常有限，甚至或許可以說幾乎沒有帶來任何關鍵性的變化。不管幾萬人聚集在國會正門前大聲抗議，或進行大型反核遊行，政府還是讓全國各地的核電站繼續運轉，並充分利用在國會上占多數的優勢，強行將新安保法、祕密保護法等極有爭議的法條一一通過下去。這個事實證明，我們老百姓的力量在國家機器面前多麼的薄弱。東日本大地震發生後的七年裡是我心中的無力感漸漸變大的七年，但這種負面情緒同時使得我認眞思考在這荒謬的社會裡自己想要以什麼樣的態度生活下去。

承認自己存在之渺小，但作爲一個書店員對社會還是想要發揮正面作用的時候，該怎麼辦？我聽完羽村女士講述從開店以來慢慢調整選書風格的故事，這個問題就在自己的腦袋裡開始迴旋。此刻我忽然想起前幾日在Maimaizu文庫舉辦的嚕嚕米讀書會上，羽村女士做出的發言。當時她認眞聆聽大家分享嚕嚕米作品的讀後心得，用緩慢地語調說：「我最近覺得，我們既然處於這樣的一個時代，維持像讀書會這種場合，就有更大的意義。」那晚她沒有講得很清楚，我覺得自己對她在那句話裡想要投入的意涵似懂非懂，於是追問她說：「你認爲這個時代到底是一個什麼樣的時代？這個時代的樣貌和舉辦讀書會之間具體有什麼關聯呢？」

我將這個提問說出來之際，還有點想繼續向她請教，Maimaizu 文庫作爲一間書店怎樣提升大家對社會的關懷等主題？但她卻跳過這種話題，直接談到 Maimaizu 文庫在社區中應擔負的核心角色：「傷著腦筋該怎麼以書來表達自己的理念，鼓勵大家更加關心社會議題——這是第一個階段。坦白講，現在這種啟蒙讀者的渴望少了很多。現在的日本啊，無論你是女性還是男性，無論你屬於哪一個年齡層，活著本身就很辛苦。學生因霸凌而自殺的新聞層出不窮，職場上勞動條件一直沒有得以改善，處於貧困處境的兒童持續增多，實現男女平等的路遙遙無期。政府大力宣傳二〇二〇年迎來東京奧運會，好像日本以此爲契機能夠再一次享受盛世似的，但背後福島發生的核電站事故從大家記憶裡漸漸淡去。我們的社會既然到了如此糟糕的地步，越來越覺得自己能否影響別人已經沒有那麼重要，大家願不願意聽取我的理念也都無所謂。現在的我只要能夠堅守這個空間，並將微不足道、無厘頭，卻很有趣的事開開心心地做下去，就心滿意足了。我們每一個公民擁有的自由一步步縮小，這種預感瀰漫於整個社會。在這樣的時代裡一個可以毫無顧慮地，自由自在地表現自己的空間能夠繼續存在，這本身是非常可貴，值得珍惜的事。」

”啊，現在我終於明白當初大家為什麼那麼激烈的反對我在這裡開店“

訪談之前我來過兩次 Maimaizu 文庫，第一次是我跟朋友一起去青梅那邊郊遊的路上，順便在羽村下車拜訪，跨進門的那瞬間就喜歡上這裡了。第二次是帶著一位來自臺灣的朋友來，當時我已經算是 Maimaizu 文庫的粉絲，想要給那位來自國外的書友介紹一下這間隱藏於東京偏僻地區的私房景點。那兩次我們都點飲料，先瀏覽一下書架，飲料準備好後，再回到座位，翻閱著書慢慢喝咖啡聊聊天，在店裡總共待了至少一個鐘頭的時間，其間除了我們倆以外，幾乎沒有其他客人走進來，我目睹 Maimaizu 文庫所處的這種境況，訪談最後還是向羽村女士問說：「現在回顧一下你這兩年的開書店經驗，有什麼樣的感受？」她臉上呈現著曖昧的笑容，先嘆一口氣，再用半開玩笑似的輕鬆語氣說：「啊，現在我終於明白當初大家爲什麼那麼激烈的反對我在這裡開店。」

吉祥寺、荻窪、阿佐谷、高圓寺等離新宿不遠的中央線沿線地帶，規模跟 Maimaizu 文庫差不多的獨立書店不少，周圍的居民也比較習慣隨意走進那些個人經營的小店。不過羽村女士在羽村市開始生活後就發覺，這裡雖然是東京都內，但離市中心較遠，因而居民的生活形態和文化觀念有所不同。譬如說，這裡最重要的交通工具是汽車而不是電車。居民習慣於自己開車去那些座落於大馬路旁的大型連鎖店購物。羽村女士推測，羽村市的居民們或許因為在生活中依靠大型連鎖店的程度更高，並長年在那樣的環境裡生活，現在已經不習慣踏進像 Maimaizu 文庫那樣的小小空間逛一逛。

羽村女士述說：「站在門口，摸著頭用疑惑的眼光打量店裡，卻總不會進來，最後臉上呈現著搞不清楚的表情而離開。Maimaizu 文庫剛開幕的那段時間，我常見這樣的居民。這裡很多人真的還不太習慣這種小店。羽村、吉祥寺、西荻窪都在東京，但說到居民對獨立書店的理解程度，這些區域之間確實有所差距。」

這樣的社區裡，維持一間書店之難度是可想而知的，但羽村女士經過兩年的苦心經營，總算吸引了不少喜歡看書的居民，他們之間的連結逐漸形成，現在有一定人數的熟客。「哪怕業績一直走低迷，只要 Maimaizu 文庫能夠作爲那些人可以互相交流、表現自己的空間而存在下去，我就沒有什麼其他特別的要求了。」她先說服自己似的這麼說，再低調地透露藏在心中的願望：「但是呢，講眞心話，我最想要看到的是，辛辛苦苦工作一整天的人，下班回家的路上順便來這裡，悠悠地喝著咖啡翻閱書或發呆，便轉換一下疲累的心情，這樣的場面。我希望 Maimaizu 文庫成爲一個在忙碌的生活中感到壓力的都市人得以鬆一口氣的空間。」目前平日客人不多，就算有，其中很多人只是稍微逛一下而已，連一本也不買地離開。那麼要不要推出更多飲食來吸引更多客人？不過她認識一些在羽村市開過餐廳或咖啡店的朋友，親耳聽到他們在經營中面臨的種種困難。可見無論做什麼生意，在羽村這樣的地方維持一間店眞不易。她爽朗地說：「反正不管做什麼，在羽村都得走凹凸不平的路，那我還是想把最大精力放在書上面，致力於提高書的量和品質吧！」

”不遠的將來，說不定青梅線的沿線地帶會陸續出現各式各樣的獨立書店，形成充滿特色的書店街“

我們一談到Maimaizu文庫的經營狀況，好像談得越多，心情就越低沉。羽村女士帶著稍微自虐的語氣說：「總之幸好在羽村開店，如果我在荻窪、高圓寺、阿佐谷等瀰漫文青氣息的地區，就不敢開這樣的一間店，水準太低了。」我聽到這句話，一股情緒突然湧上來，有點激動回應說：「怎麼可能？我第一次踏進這裡，就覺得Maimaizu文庫的選書風格、擺設方式、裝飾設計都很棒，咖啡和小吃也很棒。Maimaizu文庫若位於稍微靠近東京都中心，離電車站不遠的地段，一定會有很多客人。」羽村女士眼睛發亮著說：「眞的嗎？我聽你這麼說好感激。」

像羽村這樣的地方，存在一間像Maimaizu文庫這樣的書店，我相信這事實本身已經有巨大意義。無論羽村女士願意不願意，Maimaizu文庫在附近沒有其他書店的環境中，就自然擔負培養社區裡的讀書風氣，增多讀書人口的任務。再說目前爲止整個青梅線沿線區域裡Maimaizu文庫幾乎是唯一的獨立書店。說得誇張一點，對我們這種愛書人來說，連Maimaizu文庫也消失的話，去青梅的意義就沒有了。無論在市區還是在郊外，我衷心希望東京的每一個區域裡會有一間獨立書店。所以Maimaizu文庫就算面臨數不完的困難，我還是不得不對羽村女士說：「你作爲東京邊疆區域的獨立書店開拓者、先行者，就不能輕易放棄啊。」當然把所有責任推到羽村女士的身上是不公平的，於是我同時期待著生活在青梅一帶的愛書人從Maimaizu文庫的實踐中受到啟發，而開始考慮打造自己的書店。Maimaizu文庫若能夠發揮這種作用，不遠的將來，說不定青梅線的沿線地帶會陸續出現各式各樣的獨立書店，形成充滿特色的書店街，我想像著這妄想成眞後的景色，而發出奇怪的笑聲。

”我已經決定把這家店收掉，營業到這月末為止“

二〇一九年五月三日，我隔了兩年重訪Maimaizu文庫。羽村女士已關閉Maimaizu文庫的臉書帳號，官方網頁的動態也很少，我有點擔心它沒有開。爲避免白跑一趟，我先打電話給羽村女士，她說今天有開。一個多小時後我到羽村站，走進店裡，先跟坐在櫃檯裡的羽村女士輕輕打招呼。我點了一杯咖啡，坐下來慢慢翻閱從家裡帶過來的書。我就這樣在店裡大概度過四十五分鐘的時間，我和羽村女士之間沒有對話。我喝完咖啡就站起來在書架間走來走去，覺得店裡的擺設和書架上的書跟兩年前沒有太大的變化，但注意到店裡正中央現在設有小小的新書區，販賣一些Mishima社（ミシマ社）、三輪舍、Transview（トランスビュー）等獨立出版社的出版品，其中有不少人權、環保、民主等主題的書。我看到這個新書區，心裡就想：「我可以向羽村女士問一下開始販賣新書的來龍去脈吧！」於是把平臺上秀面陳列的一本《大家辛辛苦苦地走上坡——水俣病患者諮詢的現在》[3]拿起來，走到櫃檯，把此書遞給羽村女士之際開口說：「你現在新書也賣啊。」她只說了一句「對」，但沒有解釋開始販賣新書的緣由，反而接著告訴我難以相信的消息：「講實話，我已經決定把這家店收掉，營業到這月末爲止。」我驚訝到下巴差點掉下來了，但還是盡量抑制激動情緒，裝做若無其事的樣子說：「哦，這樣啊。」我拿到找的零錢，發現收銀機旁邊有一個小小的募款箱，上面貼著一張紙：「生活在這社區的朋友們目前協力製作關於五日市憲法和現行憲法之間的連結爲主題的影片（DVD）[…]今後我們打算在公民館等場地舉辦免費上映會[…]因爲這不是以營利爲目的的活動，所有經費來自於成員自己的口袋和一點點捐款[…]衷心期待大家的支持與支援。憲法學習會・羽村幸子。」因爲我什麼都不講就匆匆離開實在太可惜，就順便指著募款箱說：「你現在做這樣的活動啊，很有趣！」羽村女士的眼睛亮了一下，而談起製作此影片的過程。

3《みな、やっとの思いで坂をのぼる——水俣病患者相談のいま》，永野三智著，ころから出版，二〇一八

”製作這部影片的重要目的之一，就是將日本現代化過程中確實存在過的民主之芽挖掘出來“

日本歷史上連續執政時間最長的首相，前日本首相安倍晉三（任期：二〇一二——二〇二〇年），由他來領導的自民黨試圖改變日本憲法。有不少日本人對此抱有強烈的危機感。在這種情況下羽村女士以及居住在羽村市一帶的有志人士們去年（二〇一八年）成立憲法學習會，以 Maimaizu 文庫為場地定期開會。經過幾次討論後，他們決定製作一部影片，透過在中學課堂等各種公共場合舉行上映會來讓廣泛市民了解五日市憲法成立的由來以及它和現行日本憲法之間的關係。羽村女士作為發起人，肩負寫劇本的任務，寫完跟大家一起進行拍攝。成員裡面專門學過攝影、影像剪輯的一個也沒有，一切都得從零學習。幾個月後，他們竟然完成了一部三十分鐘左右的影片。

五日市憲法是一八八一年左右（明治時代中期），由民間有志人士們草起的私擬憲法案之一。之所以被稱之為五日市憲法是因為一九六八年歷史學家色川大吉和他帶領的學生們在東京都五日市進行文書調查時，在深澤家族的倉庫（土藏）裡發現其原稿。五日市憲法的內容受當時流行的自由民權運動的影響，包含很多關於國民之權利的條文，有些學者認爲其民主程度不亞於現行日本憲法。從明治維新到一九四五年二戰結束的歷史裡，一部分日本人曾爲日本社會的民主化做出種種實踐，但因爲日本最後選擇走上軍國主義路線，他們付出的努力都被淹沒而不爲人知。我認爲，羽村女士和她的夥伴們這次製作這部影片的重要目的之一，就是將日本現代化過程中確實存在過的民主之芽挖掘出來，展現它和現行日本憲法之間的關聯，並呼籲大家重新思考我們眞正要保護下去的價值是什麼。

我聆聽羽村女士講述製作影片的點滴，就想起兩年前進行的採訪中她跟我說過的話。當時的她對那些熱烈投入社運的前輩們感到敬佩的同時，忍不住覺得這個社會好像沒有因他們付出的努力而變好。這種矛盾情緒促使她把原來在平臺上秀面陳列的社運刊物拿下來。她在採訪中提到這件事，我就自以爲能了解她的困惑。我自己以前在臉書上較頻繁地貼出嚴厲批評日本政府的文章，但漸漸覺得自己做的事情沒有什麼影響力，這種舉動根本成不了改變現實的力量。現在即使看到讓自己感到憤怒的新聞，也很少會在網路上透過寫文章來做出回應。那麼羽村女士呢？她眼看著日本社會敗壞的現象，也曾經感到自己的無力，但沒有跟我一樣一直保持沉默。她在經營

Maimaizu文庫的過程中認識到志同道合的朋友，開始跟他們一起製作關於憲法的影片，這明顯是比把社運刊物擺在店裡最顯眼的位置更積極的行動。

我看她侃侃而談今後計畫的樣子就能確信，Maimaizu文庫的空間將會消失，但它營業的四年時間（二〇一五年九月——二〇一九年五月）裡所醞釀的人與人之間的連結還是會以不同形式存在下去，羽村女士爲改善社會付出微薄之力的意志也不會消失。

1

1 店裡的後半部是咖啡區，店主羽村女士盡量使用自己耕種的食材來製作餐點和飲料。

2 羽村女士非常喜歡嚕嚕米以及宮澤賢治。書店裡的嚕嚕米專區。

3

3 Miamiazu文庫的選書，表面上可愛輕鬆，但骨幹裡流淌著對社會議題的關懷。

4 這裡與羽村本土文化、歷史有關的書也不少，例如這本《多摩小朋友詩集》。

店主羽村幸子（Yukiko HAMURA）女士

Maimaizu文庫（まいまいず文庫）

地址｜東京都羽村市五之神1-7-7
Villa多摩大樓（ヴィラ多摩ビル）102

營業時間｜已於二〇一九年五月歇業

經營書種｜二手書、新書（獨立出版社的出版品為主）、多摩地區的本地刊物

開業年分｜二〇一五年九月

原官網｜https://maimaiz.wixsite.com/maimaiz

導航資訊

造訪紀錄

二〇一六年四月
第一次拜訪

二〇一七年六月
參加讀書會，問店長能否接受採訪

二〇一七年七月
進行採訪

二〇一九年五月
再次拜訪

完稿日期

二〇一七年十一月
完成初稿

二〇一九年五月
增修部分內容

書與咖啡 CAPYBARA（本と珈琲 カピバラ）

作爲「成爲這裡的人」的具體實踐，他們慢慢開始考慮成立一個山梨縣本地人和東日本大地震後搬過來的新住民能夠交流的新空間

店名小故事

由於 **CAPYBARA**（水豚）的性格相當溫和，其他動物向他靠近來，他通常不太會逃走。網路上有很多小鳥、小鴨、小猴子等動物在水豚的背上休息的照片。而這些照片中的水豚們都呈現一種泰然自若、毫無厭煩的表情。小河原女士、早尾先生都期待，他們的小書店能夠成為像水豚的背部一樣，各式各樣的動物（人）都可以停留歇腳，交流的好地方。

這棟普通房屋的二樓就是書與咖啡CAPYBARA的空間，入口處立著一張招牌，上面畫著一隻在咖啡杯裡泡湯的水豚。

”我談起自己的理想書店該有的模樣，就無法停下來了……“

我在此書裡好像已經說了好幾次，我作爲一個愛書人，常常想像將來開一間屬於自己的小書店。我心目中的理想書店長什麼樣子？首先它應該是賣中文書的書店。東京已經有內山書店、東方書店等幾家有比較有歷史的中文書店，但在我看來，他們的主要顧客是大學教授等專業人士，他們店裡的書架上有關中國古代文學、歷史、思想的學術書占多數，當代小說、紀實文學等其他類型的書卻不太豐富。如果我眞的有機會擁有自己的書店，希望能夠在其空間裡打造與那些已有的中文書店截然不同的景色。首先我想要降低店裡書籍的整體數量，少放硬派學術書，多放精選的臺灣、香港、中國、新加坡、馬來西亞的當代文學、歷史、社科類書。我在某種程度上想要模仿臺灣的唐山書店、小小書房或香港的序言書室那樣的風格。打開門的那瞬間，中文書世界的豐饒之海在你眼前展開來，讓你誤以爲自己正在逛一逛臺灣的某家獨立書店。我希望自己的書店能夠給客人提供這種既新鮮又獨特的體驗。

我談起自己的理想書店該有的模樣，就無法停下來了。我的書店成立後，我接下來想要以此爲平臺辦什麼樣的活動呢？臺灣、香港與中國的出版界不缺喜歡來日本旅行的書店老闆、作家、編輯等愛書人。這些人來日本玩或工作時，我或許可以邀請他們順便拜訪我的書店，辦一場簡單的講座，請他們爲日本朋友談談自己的開書店經歷、創作等等。我總覺得臺日之間的文化交流已經如火如荼。甚至可以說現在差不多每個周末，在日本某個地方總有一場與臺灣相關的活動。臺灣和日本之間的民間交流如此的緊密頻繁，這種變化絕對是好的。

在我看來，目前大部分臺日交流相關的活動當中，社會議題成爲焦點的機會還不太多。這種情況讓我覺得有點可惜。因爲日本和臺灣，這兩個成熟程度相去不遠的資本主義社會正在面臨著貧富差距拉大、過勞、少子化、高齡化等很多共同問題。無論在日本還是臺灣，處在社會邊緣而天天吃苦的人都不少。

那麼如果我有機會在自己的書店裡辦活動，就想要積極討論街友、沖繩的美軍基地、核電站、社會福利、過勞、身心障礙、農業、自由貿易等，在現有的臺日文化交流活動中比較少看到的議題。

臺灣和日本社會裡，研究這些議題、並透過書寫來與大家分享成果的人不少，那麼我希望能夠讓自己的書店成爲這些人可以互相交流的平臺。

假如店裡辦一場活動來談談臺日兩地的街友生存狀態，那麼我想邀請臺灣和日本兩邊的研究或報導此議題的學者、記者或大誌雜誌販賣員等相關當事者，以及給他們提供援助的志願者和非政府組織人士等等，讓他們講講自己的經驗和想法。透過這種以特定的社會議題爲切入點而進行的交流，參加者和嘉賓就應該會重新認識臺日社會中所存在的共同點和差異，便能夠找到一些互相借鑑、互相學習的地方，臺日有志人士們說不定在當天的活動中因受啓發而開始一些新的合作和實踐。自己的書店裡辦的活動最好能夠有這樣的作用。一間小書店能有的影響力極其有限，但無論如何我還是希望，自己的書店用低調卻堅定的步伐繼續辦小活動，以便推動臺灣、香港、中國和日本愛書人之間的交流，並暗自期待這樣做下去將來就能夠貢獻於改善東亞社會。

”自己所尊敬的知識分子打造的一間書店，我當然要親眼看看它的模樣“

以上都是我在腦海中構思自己心目中的理想書店時所想像的種種事。那麼我有沒有具體的開書店計畫？坦白講，我只是口頭上不斷說說「若我在日本能夠打造一間文藝氣息濃厚的中文獨立書店，那就好極了」，但實際上我沒有做任何具體的行動。一間書店靠賣中文書怎麼可能在日本活下去呢？日本華人人口不少，但其中喜歡看書的人相當有限，而且就算喜歡看書，也不一定有買紙本書的習慣。日本人的話，看懂中文的人本來不多，即使看懂中文，其中也只有一部分的人願意看中文書。在這樣的一個市場裡，自己心目中的理想書店就算誕生，但還是難以維持生存。於是我的開中文書店之夢只能停留在妄想的階段。

不過，未來某一日想要開一間中文書店的欲望在心中從來沒有消滅過。也許因爲如此，我只要得知某人在某地開書店的消息，並發現自己和店主在理念上有所共同點，心中就會產生強烈的共鳴，覺得自己非拜訪它不可。我在此想要介紹的就是那樣的一間書店。去年（二〇一七年）五月某一日，我漫無目的地滑手機，瀏覽推特時，眼中突然跳進一則消息，就是山梨縣甲府市內誕生一間新的 Book Café 名爲「書與咖啡 CAPYBARA」（以下簡稱 CAPYBARA）。發出此貼文的是早尾貴紀先生。他是東京經濟大學的教授，以巴勒斯坦和以色列的歷史爲中心，研究離散民族和猶太主義。好幾年前我在某一場學術研討會上遇見早尾先生，那天他非常熱情地推薦他跟同行一起編纂的一些言論刊物。我從他的言行感受到他和藹謙虛的性格。從此以後我偷偷地喜歡他，支持他，算是變成了他的粉絲。後來我又得知他是一位總是站在被壓迫者的立場，而爲弱勢群體發言的知識分子，從此就更加敬佩他了。據那篇貼文的內容可以推測，早尾先生本人是CAPYBARA的創始人之一。自己所尊敬的知識分子打造的一間書店，我當然要親眼看看它的模樣。

二〇一七年七月某日的中午，我抵達山梨縣甲府站，從北口出去，看著手機螢幕顯示的地圖往CAPYBARA的方向走。甲府市位於東京的西南邊，就是日本本島的中部地帶，周圍沒有海，被富士山等海拔超過兩千公尺以上的山脈圍繞，以葡萄、桃子、櫻桃等水果的生產地爲名，附近有不少溫泉和葡萄酒廠。這裡離東京不算太遠，坐一個半小時左右的特快電車就可達，於是每逢周末便會迎接很多來自東京的遊客。

那天天氣特別好，強烈的陽光之下我背著沉重的行李沿著一條名爲「武田通」的路往北走，盡頭處有武將武田信玄爲祭神的武田神社，是甲府市內最有名的觀光景點之一。那條路微微上坡，我走不到五分鐘流起汗來，再過五分鐘之後，開始後悔沒有坐公車。我大概走了十五分鐘，經過國立山梨大學的校園，就按照Google地圖的指示走進小巷子，再走兩百公尺左右，右邊看到一棟兩層樓的普通房屋，二樓就是CAPYBARA的空間，入口旁立著一張招牌，上面畫著一隻在咖啡杯裡泡湯的水豚。

我走到二樓推開門，一臺大鋼琴首先跳進視野裡，環看一下店裡四周。原來整個二樓被分成兩半，靠路面的一半只有一臺鋼琴，另外一半有吧檯，桌椅以及書櫃。

最裡邊的一整面牆都是書架，高度爲大約兩公尺，寬度則爲三公尺左右，選書風格以文史哲爲主，薩伊德、漢娜．鄂蘭等巨匠級知識分子的著作尤其豐富，可猜想大部分的書來自早尾先生自己的藏書。不過同時看到不少繪本，兒童書以及關於音樂的書。這些類型的書好像與早尾先生的研究領域沒有明確的關聯。那麼它們是誰來挑選的呢？

入口處旁邊的小書架是書展區，我拜訪的那天正好在舉辦以日裔美國人爲主題的書展，展售《美國的排日運動與日美關係》[1]、《溫哥華朝日 日裔人棒球隊的奇跡》[2]、《日裔美國移民 兩個帝國之間——被遺忘的記憶 1868-1945》[3]等書。我們坐下來，向吧檯裡的早尾先生打個招呼，點了招牌咖哩飯和果汁。

"CAPYBARA的誕生與福島核電站事故的發生密切相關"

我吃完飯本來想要再看看書，也想和早尾先生談談。不過，吃完不到五分鐘，我的肚子突然痛起來，匆匆忙忙地跑進廁所。咖哩中的香料給我腸胃的刺激可能太大，要不然就是我太渴，把冰涼的果汁喝得太快。反正我的腸胃本來很弱，常常拉肚子。我坐在馬桶上，抱著頭吶喊：「嗚嗚我從東京千里迢迢來到甲府，爲的是來這間書店，結果無法好好參觀。爲什麼總是會這樣？」五分鐘後，我從廁所搖搖晃晃地走出來，肚子再次痛起來的可能性還在。如此的情況下，我只能選擇離開。走之前我問一下早尾先生：「這附近有沒有其他書店？」他非常親切地介紹一間離武田神社不遠的舊書店。我道謝後就用手摸一摸肚子，流著冷汗，邁著蹣跚的步子推開門走出去。

我回東京之後，在網路上搜尋關於CAPYBARA的訊息才得知，早尾先生其實有位夥伴，名爲小河原律香女士，她才是CAPYBARA的店主。CAPYBARA的店內有一臺鋼琴是因爲小河原女士是一位專業的音樂老師。她用CAPYBARA的一半空間來開音樂教室，針對本地的兒童以及青少年教鋼琴。

小河原女士是福島人，曾經在福島縣須賀川市經營一間音樂班，度過安穩的日子，但二〇一一年三月十一日發生的東日本大地震，澈底破壞了她生活的一切。她目睹核電站爆炸的新聞，就決定帶著自己的小孩逃難，幾經周折，最後定居於山梨縣甲府市。同時期原來生活在宮城縣仙臺市的早尾先生正好也爲了避免輻射的影響而搬來甲府市。他們倆就這樣在陌生的地方認識了彼此。他們作爲因福島核電站事故而被迫離開家鄉的當事者，而在甲府市協力成立了一個市民團體名爲

1《アメリカの排日運動と日米関係 「排日移民法」はなぜ成立したか》，簑原俊洋著，朝日新聞出版，二〇一六

2《バンクーバー朝日 日系人野球チームの奇跡》，テッド・Y・フルモト著，文芸社出版，二〇一四

3《日系アメリカ移民 二つの帝国のはざまで——忘れられた記憶 1868-1945》，東栄一郎著，明石書店出版，二〇一四

「連結之場」（むすびば），由因東日本大地震而認識的有志人士們組成，以從輻射中保護自己為目的，建立「學習會」、「保養／移居」、「防止汙染」的三個小單位，各自舉辦各式各樣的活動。

按照以上事實，可以說CAPYBARA的誕生與福島核電站事故的發生密切相關。我相信介紹這樣的一間書店一定很有意義。但是我原來打算在書中只寫東京的書店，那麼若將位於山梨縣的CAPYBARA也寫進書裡的話，會不會太過遠離當初的書寫計畫呢？

我先把是否應該採訪CAPYBARA的念頭拋在腦後，繼續關注它的日常動態。二〇一七年年底的某一日，CAPYBARA在推特上發布，將於二〇一八年一月廿日下午一點，邀請《日中戰爭全史》[4]的作者，笠原十九司先生，舉辦一場講座。我看到此消息，眼睛一下子亮起來，心中吶喊：「什麼!?笠原十九司先生要去CAPYBARA？」

”這個題目終於，終於出現在書店的舞臺上了！“

笠原十九司先生是都留文科大學的名譽教授，研究領域涵蓋中國現代史和中日關係史，寫過不少像是《南京事件》[5]、《南京難民區的一百天》[6]、《日本軍的治安戰》[7]等關於中日戰爭的書。笠原先生的最新著作《日中戰爭全史》依照大量史料，用客觀的眼光詳細解說中日戰爭的全過程，其中毫不猶豫地揭露日軍在中國犯過的種種罪行。

中日戰爭無疑是日本現代史上的大事件，日本書市上關於它的書總不匱乏。儘管如此，我至今幾乎沒有聽過一間書店以此爲主題而舉辦活動的消息。我不會說，日本的所有書店必須積極舉辦關於中日戰爭的活動，以便幫大家深入了解日本曾經侵略中國的事實以及日本軍隊在過程中所犯過的罪行，但日本畢竟有那麼多書店，其中敢於談中日戰爭的書店，連一間也找不到，我對這種情況難免覺得有點不對勁。正因爲如此，我看到CAPYBARA邀請笠原先生辦講座的消息，就相當

4《日中戰争全史》，笠原十九司著，高文研出版，二〇一七
5《南京事件》，笠原十九司著，岩波書店出版，一九九七
6《南京難民区の百日——虐殺を見た外国人》，笠原十九司著，岩波書店出版，二〇〇五
7《日本軍の治安戦——日中戦争の実相》，笠原十九司著，岩波書店出版，二〇一〇

興奮，心中忍不住大喊：「這個題目終於，終於出現在書店的舞臺上了！」既然笠原先生要去CAPYBARA，繼續猶豫的理由就一瞬間消失了。我趕快寫了一封電子郵件給CAPYBARA報名，並順便問一下小河原女士，當天活動結束後能否進行簡單的採訪。她很快回信給我說：「沒問題，衷心期待你的到來。」

”徐京植、有志舍以及共和國，我喜歡的人和出版社都聚集在CAPYBARA這個小小的空間裡“

二〇一八年一月廿日的中午，我隔了差不多半年的時間又回到山梨縣甲府市，這次與上一次不同，已經是冬天，甲府的天氣比東京更冷，吹來刺骨的寒風。爲了避免上次走著過去而路上差點昏倒的噩夢再次發生，這次選擇坐公車，不到五分鐘便到了山梨大學校門，再走三分鐘左右就到CAPYBARA。

我踏進一樓的門，仰望二樓，早尾先生剛好從二樓的門出來，我們的視線就碰在一起。他問我說：

「你是不是想要採訪我們的池內先生？」我靦腆地回說：「是的。」我上二樓走進店裡，看到在櫃檯裡忙來忙去的小河原女士，她發現我的到來，臉上帶著親切的微笑歡迎我。她年紀跟我差不多，三十幾歲，講話充滿活力，看起來是一個性格開朗，無論發生什麼總盡可能保持樂觀的人。

講座開始之前我又輕輕鬆鬆地在店裡晃來晃去，翻翻書。書的整體數量明顯增多。書的類型方面與上一次來的時候沒有什麼太大的變化，還是以早尾先生的藏書爲主，文史哲類的書占多數，加上陳列一些經典漫畫、繪本以及音樂書。門口旁的小書架上秀面堆著剛剛出版的《後東方主義——恐怖主義時代的知識與權力》[8]。這是早尾先生與他的學者同行共同翻譯的著作。此書的旁邊集中陳列以色列、巴勒斯坦爲主題的書。

書展區的對面有兩排書架，那是六個月前來訪的時候還沒有的，上面主要擺放在日朝鮮人知識分子

8《ポスト・オリエンタリズム——テロの時代における知と権力》，ハミッド・ダバシ（Hamid Dabashi）著，早尾貴紀、洪貴義、本橋哲也、本山謙二譯，作品社出版，二〇一七

徐京植的著作，以及兩家一人獨立出版社，「有志舍」和「共和國」的大部分出版品。徐京植是我非常崇拜的知識分子，他作爲在日朝鮮人，透過言論嚴厲批判日本社會中所存在的種種歧視以及根深柢固的單一民族神話。有志舍和共和國也都是我很喜歡的獨立出版社。尤其是共和國，我從來沒有與主編見過面，但我心底對他總抱著一份尊敬之情。共和國的書兼具深度和可讀性，目前爲止出版過的書譬如《收容所裡的普魯斯特》[9]、《戰壕裡的戰爭》[10]、《納粹的廚房》[11]、《鏡子裡的波德萊爾》[12]、《燃燒的麒麟 黑田喜夫詩文撰》[13]、《殘響的哈萊姆》[14]。我在此沒法細談它們的內容，但我想讀者只要看一下這些書名，「想要翻一翻」的欲望就會在你們心中燃起來，並覺得共和國是一家與眾不同的獨立出版社。二〇一四年的時候，共和國甚至出版了香港學者羅永生的文集。徐京植、有志舍以及共和國，我喜歡的人和出版社都聚集在CAPYBARA這個小小的空間裡，不僅如此，店方主動邀請一般書店不太關心的中日戰爭專家笠原十九司先生來辦講座。這樣的書店能夠存在於日本社會裡，對我來說這本身是難能可貴的事。

當天到CAPYBARA參加講座的人，大部分都是山梨縣縣民，有笠原老師的學生、山梨大學的講師、CAPYBARA的熟客等，總共六、七位。因爲人數少，講座開始前，笠原老師先請在座的每一位做簡單的自我介紹。其中有一位中年男士，他說自己現在做跟福利有關的工作，便提到二〇一六年在日本發生的相模原身心障礙者福利院殺傷事件。神奈川縣相模原市內的一所身心障礙者福利院，二〇一六年七月廿六日凌晨時間，曾經在那當過員工的一名年輕男性偷偷走進設施內，刺殺了睡覺中的十九名身心障礙者。這則新聞隔天上報震驚整個日本社會。使得大家更啞口無言的是，加害者竟然對自己的作爲沒有表達後悔，相反地坦然宣布：「重度身心障礙者，因爲他們無法溝通，其存在本身造成不幸。」中年男士用安靜的語氣述說：「相模原身心障礙者福利院殺傷事件發生了之後，我一直在思考，那個人到底爲什麼做出如此殘虐的行爲？他那晚上舉起刀砍下去的那瞬間，腦海中想些什麼？我又對以此爲起點而爆發的爭論困惑不已。原來日本

9《収容所のプルースト》，ジョゼフ・チャプスキ（Joseph Czapski）著，岩津航譯，共和国出版，二〇一八

10《塹壕の戦争 1914-1918》，タルディ（Tardi）著，藤原貞朗譯，共和国出版，二〇一六

11《ナチスのキッチン「食べること」の環境史》，藤原辰史著，共和国出版，二〇一六

12《鏡のなかのボードレール》，くぼた のぞみ著，共和国出版，二〇一六

13《燃えるキリン 黒田喜夫詩文撰》，黒田喜夫著，共和国出版，二〇一六

14《残響のハーレム》，中村寛著，共和国出版，二〇一五

有那麼多人對他的想法有同感。我心中充滿困惑和不解，而因爲這些困惑和不解，我最近重新學習世界歷史上曾經發生過的屠殺事件。我在這樣的脈絡之下決定今天來這裡聽笠原老師講中日戰爭。」

我聽到此話，說實話，心中浮現一絲難以言表的感慨。日本軍隊曾經侵略中國，在那龐大的土地上犯過的種種非人道的事，現在絕大部分的人都覺得那是好遙遠，很模糊的過去，但對他來說並非如此。他反而試圖將似乎遙遠的過去和當下的相模原身心障礙者福利院殺傷事件之間聯繫在一起，並將那兩件事情貼近自己的生活而思考。我覺得這是非常誠實難得的態度。此時此刻在CAPYBARA能夠遇到他那樣的人，我的心就已經滿足了。我深深覺得這次爲了參加這場講座而決定從東京跑來這裡很值得。

”該怎麼說呢。在這個地方，作為這裡的人而活下去，這種責任感在我心中漸漸變大“

講座結束，我拿著提前買好的《日中戰爭全史》走到笠原老師面前，請他簽名。他不僅簽了名，旁邊加寫了一句話，說「站在歷史事實的一方總取得勝利」。我看了一眼笠原老師的手寫字，決定把那兩本書當做傳家寶。客人們散去之後，CAPYBARA暫時關門，晚上六點再開門營業至晚上十一點。小河原女士遞給我一杯熱咖啡，和早尾先生一起在我對面坐下來。笠原老師的所講所言，餘音還旋繞在我腦海裡之時，他們慢慢開始述說CAPYBARA誕生的緣由。

如我先前說明，二〇一一年的東日本大地震發生之前，小河原女士和早尾先生分別生活在福島和仙臺。那天福島核電站爆炸的消息出來後，他們爲了讓自己和家人免於受到輻射的影響，才不情願地選擇離開已經住很久的土地，而移居到山梨縣甲府市。從此以後，小河原女士和早尾先生作爲市民團體「連結之場」的核心成員，給那些像他們一樣因福島核災不得已離開家鄉搬來甲府市定居的東北人提供援助，並偶爾邀請繼續留在福島生活的人來山梨縣住一段時間，在不用擔心輻射汙染的環境裡，讓他們放鬆身體和心靈。

「連結之場」是因東日本大地震而成立的團體，小河原女士和早尾先生從此一直在緊繃的精神狀態下，爲了幫助那些因地震和核災受傷害的人而付出大量心血和時間，但他們都隱隱明白不可能永遠這樣做下去。他們都覺得，遲早要讓以「連結之場」爲平臺做的事業告一段落，開始做一些新的嘗試。早尾先生逑說：「我們現在要好好地扎根於山梨這塊土地，而慢慢地成爲這裡的人。」小河原女士兩年前在甲府市成立了鋼琴教室，而她越來越頻繁並緊密地與本地青少年以及其父母交流。她說：「該怎麼說呢。在這個地方，作爲這裡的人而活下去，這種責任感在我心中漸漸變大。」作爲「成爲這裡的人」的具體實踐，他們慢慢開始考慮成立一個山梨縣本地人和東日本大地震後搬過來的新住民能夠交流的新空間。[15]

”人的一生變幻無常，書是無法帶到墓地裡去的。那麼應該要積極地把書這種知識的載體分享給大家“

小河原女士和早尾先生首先考慮開一間社區咖啡店，不過覺得僅僅給客人提供飲料和簡餐還不夠。此刻早尾先生想到自己的大量藏書。他的藏書裡面，其實有很多從仙臺帶過來，卻從來沒有從紙箱裡拿出來的書。那些書可能永遠不會有再翻看一次的機會。他曾經考慮過把它們賣給BOOKOFF，但最後還是覺得捨不得賣：「就算好久沒有翻閱，那些書對我來說還是很重要，不太願意賣給連鎖舊書店。」

早尾先生告訴我說，他的一位學者友人，最近四十幾歲就過世。年紀跟他差不多的熟人突然離開人世，此事給他帶來很大的衝擊，使得他重新檢討今後該怎麼處理自己的藏書。「人的一生變幻無常，書是無法帶到墓地裡去的。那麼應該要積極地把書這種知識的載體分享給大家。」早尾先生心中帶著這種感悟而決定將自己的藏書和社區咖啡店的概念結合在一起。

小河原女士笑著說：「先把書塞進書架上再看看，如果覺得還不夠好，那麼透過舉辦講座或讀書會等活動來彌補那些不足就好。我當初是這麼想的。不過把書都排好，店裡播放自己喜愛的音樂，瀏覽一下被書塞滿的書架，某種『書店已經做好了』的滿足感在心中湧現上來。」這種感覺其實我也能夠理解。我有時候在外面擺攤賣書。我在笨手笨腳排書的時候，心裡一點把握也沒

15 作者註：關於小河原女士和早尾先生的受災經驗，我參考了《現代思想 2012年 3月号 特集＝大震災は終わらない》（青土社出版，二〇一二）中的一篇訪談〈分断線を越え、暮らしを紡ぐ〉

有，但排完書後，親眼看著我有所感情的書肩靠著肩佇立於箱子或書櫃裡的樣子，還是會有一種成就感，甚至忍不住覺得自己的攤子已經成爲了一間完整的書店。小河原女士和早尾先生或許只不過把自己所喜愛的書放在書架上而已，但那些音樂書、繪本、兒童書、歷史書、哲學書、小說都是他們的精神糧食，並在某種程度代表他們倆的思想世界。正因爲如此，我們站在那幾排靠牆的書架前面的時候，會有一種感覺，就是自己好像剖開小河原女士和早尾先生的腦子而窺看藏在裡面的東西。這種體驗本身給我帶來無比的快樂和刺激。

”我被 CAPYBARA 深深吸引，其中一個原因或許是它能夠打破我對日本的獨立書店持有的這種既定印象“

像我這樣的書蟲，一間書店裡只要有店主精選的書，能夠從其中感受到店主的思想，無論書以外的部分水準如何，總會心滿意足。若我生活在甲府市的話，即使店裡不辦任何活動，我一定還是會至少每兩周一次去 CAPYBARA 喝著咖啡看書吧。他們也都說，目前沒有過大的野心，最重要的是能夠把 CAPYBARA 安安穩穩地開下去。不過透過書來促進人與人之間的交流畢竟是他們當初舉起的目標，因此從開店至今已經辦過不少講座和讀書會。

早尾先生透露，山梨縣內，辦活動的書店幾乎不存在，連淳久堂的甲府分店也不辦。身在如此的環境裡，他就自然而然地想：「辦活動來活化山梨縣的閱讀氣氛，若甲府市內沒有做這件事的書店的話，那就應該由自己的書店來做吧！」

CAPYBARA開業以來，大概每兩個月一次舉辦講座。目前爲止被邀請過的嘉賓有上面已經提及過的在日朝鮮學者徐京植老師，前面說的《後東方主義》譯者之一的洪貴義，和我這次拜見的中日戰爭專家笠原十九司老師等等。我覺得這個嘉賓名單相當特別。這些知識分子們都敢於直視日本社會和歷史的黑暗面，並用批判的眼光表達自己的思想。其他日本獨立書店舉辦的活動中，實在很少看到他們的身影。這也許是一種偏見，但日本的一般獨立書店與臺灣或香港的同行比起來，對社會議題的關注其實不太大。我被CAPYBARA深深吸引，其中一個原因或許是它能夠打破我對日本的獨立書店持有的這種既定印象。

早尾先生說：「我的本行不是書店員，而是學者。策劃活動，邀請講者的時候，就可以充分利用自己所擁有的人脈資源。」早尾先生能夠把一些學者朋友拉過來，請他們在小小的書店裡談一談自己的著作和想法，這樣可以催生學者和學界外的市民們之間的交流。不斷鼓勵學者朋友來CAPYBARA講話，他開店以來一直這麼做的其中一個理由是，其實他自己身爲一個書寫者，總是渴望著能夠與讀者面對面交流的機會：「我自己也寫書嘛，所以能夠明白那些著作者們的心情。他們通常都願意聽聽讀者們的讀後心得，也想要與讀者分享開始寫此書的內幕、寫書過程中的點點滴滴，出版後所發生的故事等等。以自己的著作爲題材與讀者進行對話，我知道不少作者想要如此的機會。所以呢，就算CAPYBARA離東京有相當距離，聽衆人數也不會很多，但我跟學界的朋友們聯絡，問一下他們願不願意在CAPYBARA談談自己的著作，大部分的人就很開心地遠程而來。」

我一直覺得，日本有很多非常優秀的學者；但也總覺得他們與一般市民進行交流的場合還不夠。我對此感到有點可惜。在我看來，早尾先生試圖透過在CAPYBARA舉辦的活動，改變這種學界人士和一般市民之間的互動匱乏的局面。笠原老師的講座，參加人數不到十位，這樣的活動不可能給甲府市的市民社會帶來具體的變化。但就算規模小，笠原老師的所講所言一定或多或少地深化了每一位聽衆對中日戰爭的了解。這種對個人的心靈和想法發揮的作用是不應該低估的。於我看來，在CAPYBARA所舉辦的每一場活動就像是一粒種子，即使每一粒能發揮的作用極其有限，也許改變不了城鄉差距持續變大，甲府市內的實體書店繼續減少的整體趨勢，但早尾先生還是繼續默默地把手上的種子一粒粒地播下去。我從早尾先生的話語裡，感受到的就是這種不論自己所處的環境如何，還是抱著既穩定又堅固的意志而把自己能做的事情做下去的態度。

”在甲府市對漢娜・鄂蘭有興趣的人到底有多少？能否順利辦成讀書會？早尾先生對此完全沒有把握“

除了講座以外，早尾先生以每兩個星期一次的頻率在店裡辦人文讀書會。我拜訪CAPYBARA的那段期間，讀書會的主題書剛好爲漢娜・鄂蘭的《平凡的邪惡：艾希曼耶路撒冷大審紀實》（以下簡稱《平凡的邪惡》）。早尾先生當初爲何決定辦讀書會，並把《平凡的邪惡》選爲讀書會的第一本主題書呢？緣由是這樣的：CAPYBARA的常客裡有一位學校老師，某一日他在店裡向早尾先生訴說，最近看完一本介紹漢娜・鄂蘭思想的入門書，深受啟發，現在想要看看她的著作本身，但覺得其內容相當深奧、複雜，自己一個人看的話，很有可能無法看完。

早尾先生聽他這麼說，腦海裡的燈泡亮了一下，而問他說：「如果一個人就有點難度，那就大家一起慢慢看如何？」他們倆都覺得這主意不錯，於是早尾先生開始尋找周圍有沒有人願意在店裡跟他們一起讀漢娜・鄂蘭的《平凡的邪惡》。在甲府市對漢娜・鄂蘭有興趣的人到底有多少？能否順利辦成讀書會？早尾先生對此完全沒有把握。結果報名人數比他想像得多很多，名額就很快滿了，總共有了八位學員，全都是生活在山梨縣的人，男女比例平衡，年紀和所做的工作都相當多元，譬如一位學員是剛好大學畢業的文藝青年，另外一位學員則是快退休的歐吉桑。

我個人至今參加過的讀書會，唯一要求是提前把主題書看完。其實就算沒看完，大家也不會爲此責怪我。大家圍著坐下來輪流分享自己的讀後感而已。如果我還沒有消化此書的內容，無法很清晰地，述自己的想法和意見，那也沒關係，我記得那一場讀書會的氣氛相當輕鬆。我以爲CAPYBARA的讀書會在形式上與此差不多，但其實不然。

CAPYBARA的讀書會，早尾先生會旁聽學員們的討論，偶爾向大家提出自己的觀點，但不會當主持。每一場讀書會，花兩個小時一起讀一個章節。學員們中的一位被要求提前寫此章節的摘要。那一位學員按照自己寫的摘要主持當天的讀書會，大家以此爲基礎而展開討論。摘要由每一位學員輪流撰寫。若我也是其中一位學員，有責任提前準備好《平凡的邪惡》裡的某一個章節的摘要，就一定會很緊張啊。

早尾先生述說：「透過寫摘要，才會把對文本的理解提升到一定的程度，便能夠用清晰的語言向大家講解書裡的內容。這樣做我們才會讀得深入一點，討論的品質也變得更好一點。我們已經辦了八次以上《平凡的邪惡》讀書會。學員們的反應都不錯，他們說從來沒有用這樣的方式讀過書，感到很新鮮。」

”他們其實一直在盼望，像CAPYBARA那樣能夠以書為媒介來與他者交流的空間，出現在自己所居住的社區裡“

無論是在日本、臺灣、香港、中國，大學時代看書看得很多，但出社會之後，生活中接觸人文、藝術的機會大大減少，這樣的人不少。二〇一七年，CAPYBARA成立後，辦活動和讀書會的經驗慢慢積累下來，過程中早尾先生認識了很多生活在山梨縣的愛書人。他開店以後重新得知，山梨縣這塊土地上原來有那麼多喜歡看書的人，並發現他們其實一直在盼望，像CAPYBARA那樣能夠以書爲媒介來與他者交流的空間，出現在自己所居住的社區裡。

笠原老師的講座結束後，有兩位客人繼續在店裡留下來，我和早尾先生旁邊站著聊天。他們看起來聊得很投入，但我聽不見他們聊的內容。他們大概聊了二十分鐘以上，終於離開。早尾先生告訴我說：「你看到兩位客人在我們旁邊聊吧。他們都是讀書會的學員。他們剛在討論關於《平凡的邪惡》中的一些問題。客人們在店裡開開心心地聊聊天，或認眞討論某一本書的內容，我親眼看到這些畫面時，就會覺得自己爲在這裡開店而付出過的努力得到回報。」我聽完早尾先生這麼講，憶起剛走的那兩位客人安安靜靜談《平凡的邪惡》的樣子，心裡就有了共鳴。說眞的，因爲CAPYBARA的存在，那兩位喜歡看書的人才有了相遇的機會。兩位愛書人的相遇不是什麼大事，甲府的閱讀風氣也不會因此有所改變，但我還是忍不住覺得，兩位互不相識的人因爲踏進一間書店，透過閱讀得以交流是一種奇跡。那兩位參加《平凡的邪惡》讀書會而認識彼此，對我來說，這事實本身已經清楚說明CAPYBARA在甲府誕生的意義。

”我想利用這個空間，來與像她們那樣在生活中感到困擾，面臨問題的人一起讀書或玩音樂“

訪談將近結尾的時候，小河原女士的手機突然響起。她講完電話就告訴我說，她兒子感冒了，現在要去保育院接他。我還有一些問題想要問她，在此中斷訪談就覺得有點捨不得。不過她離開之前，悄悄說：「現在可不可以把我想講的話都講出來？」而慢慢談起自己的人生經驗和她透過CAPYBARA想要實踐的一些理念之間的關聯。雖說我還沒有完全消化她藉著那段話眞正想要傳達的意思，但我從她的語氣和認眞的眼光裡，至少能夠知道她說出來的每一句話都對她來說很重要。於是我決定，不做任何刪節，將內容全都記載如下：

「地震發生之前，我在福島經營一間音樂教室，針對社區的小朋友教授鋼琴。我從那時候起就一直在關心媽媽的處境。那些小朋友們應該也有爸爸，但我平常接觸的都是媽媽。她們大部分都在外面工作，在家裡時要做家事，又要全力養育小孩，也得給家庭裡的每一位付出無限的關愛，而幾乎沒有自己的時間。她們的生活可以用『得不到任何休息的情況下每天用全速賽跑』來形容。這樣的狀態持續下去，她們就對自己的人生開始感到困惑，而問自己『我到底是什麼？』隨之難以用言語說明的恐懼感和不安在心中湧現上來。那些不安的來源有多種，譬如說日本目前的政治狀況等等。但是在某些方面她們的自尊心又不高，所以較容易認為自己的存在微不足道。我認為自己一直是與像她們那樣，沒能好好過自己的人生，也無法用自己的語言為自己講話的人手牽著手活到至今的。所以我想利用這個空間來與像她們那樣在生活中感到困擾，面臨問題的人一起讀書或玩音樂。無論你是什麼樣的人，在這裡不用感到壓力，能夠　踏實地地用自己的腦子思考，用自己的語言講話，放開自己的心靈。我希望CAPYBARA能夠把如此的體驗帶給來訪的每一位。還有，不管你是男性、女性或別的性，現在抱著喘不過氣的感覺勉強過日子的人多得是吧。

那麼我作為一個女性，想要從女性的角度，打破那些我們自造並施加於自己身上的種種束縛或框架。這個目標或許難以達成，但還是希望自己至少可以把那些捆綁我們的行動和思維的東西稍微搖晃一下，鬆動一下。」

小河原女士所講的這些話首先使得我重新直視東日本大地震對她人生造成的影響。她本來在福島有自己的事業，和家人一起過著安寧的生活，但她一步步耕耘下來的生活基礎被二〇一一年三月十一日那天發生的地震和隨之而來的核電站事故徹底破壞。她得在極短時間內做出左右她一生的選擇。選項只有兩個，留下來陪伴家人或是帶著小孩離開福島。

核電站眞可怕，一旦發生嚴重事故，一個家庭內有的人決定留下來，也有的人選擇離開，無數家庭就這樣被打碎。因爲福島核電站事故，她就成爲了離散者，某種意義上的難民，這經歷在她的內心深處造成了多大的痛苦？如果沒有福島核電站，她就不用告別自己的家鄉，這是毫無疑問的。但我這麼想的同時又忍不住問自己，如果東日本大地震沒有發生，CAPYBARA會不會誕生？假如她繼續留在福島，也可能成立類似CAPYBARA的空間，但它會與現有的CAPYBARA一樣嗎？我覺得，她上面所述的種種理念是從她因核災不得已經歷的一連串苦難中慢慢培養出來的。這樣說或許聽起來不對勁，但傾聽她的話語，還是抑制不住自己這麼想：她自二〇一一年三月十一日迄今，受了難以療癒的傷害，但在考驗中得到了某種能量，這能量在某種程度使得她能夠以更強大的同理心對待他者。

此外值得一提的是，她的思想帶有強烈的女性主義色彩。早尾先生告訴我說，另外一個讀書會即將開課，主題書爲西蒙．波娃的《第二性》，由小河原女士帶領。堅持站在弱勢群體的立場而長年研究以色列和巴勒斯坦的資深學者早尾先生陪你讀漢娜．鄂蘭的《平凡的邪惡》；躲避核災而移居到山梨縣以來，一直給那些同樣受災的女性和小朋友提供協助的小河原女士跟你一起讀西蒙．波娃的《第二性》。我覺得能夠與這樣的兩位一起細讀這兩部經典實在是一種奢侈。我非常羨慕生活在甲府的愛書人。

”最大目標是無論怎樣把現有的這間店穩穩定定地經營下去“

小河原女士離開店裡，不久後帶著小孩又回來，邊收拾桌子上的咖啡杯邊對我親切地說：「請稍等一下，我可以載你到甲府站哦。」我在車子的後座上呆呆地看著窗外的景色，聆聽小河原女士、早尾先生和他們小孩之間的對話。小孩雖然感冒，但還是精神飽滿的樣子。他很愛講話，大聲說：「我要去東京，很想坐新型超級Azusa（スーパーあずさ，當時東日本鐵路公司的最新車輛）。爸爸！回到家一起玩棒球好不好？」早尾先生和藹可親地回答說：「好啊，好啊。」小河原女士則握著方向盤和早尾先生靜悄悄地商量生活上以及工作上的瑣事。夕陽從前面射進晃晃移動的車子裡，我眼看著這些平常不過的互動，沉浸思維中，想起他們倆在訪談的開頭中提到的「成爲這裡的人」，慢慢咀嚼其中所含有的情感和思路。

隔天我爲了拍照而再一次拜訪CAPYBARA。下了公車，慢慢往CAPYBARA的方向走，看到屋子，但越走近它就越覺得不妙：「嗯？好像裡面沒有人……。」走到門口前，發現一張公告，上面寫說：「因爲小孩感冒，今天要臨時休業，不得已給來訪的客人造成麻煩眞抱歉，請見諒。」知道自己白來了一趟，難免感到難過，但我走回甲府站的路上就想，這就是CAPYBARA所採取的經營模式。他們在訪談中都強調，目前沒有什麼宏大的理想，最大目標是無論怎樣把現有的這間店穩穩定定地經營下去。如果給自己的要求太大的話，連這最基本的目標也許也堅持不了。家人生病的時候，就沒必要勉強開店了。

山梨縣甲府市內，愛書人可以聚在一起，在輕鬆氣氛中看書、談書的空間本來不多。在這種地方有一家獨立書店如CAPYBARA已經是非常難得的事情。我只希望CAPYBARA在山梨縣甲府市這塊土地上長長久久地存在下去。我相信，哪怕CAPYBARA今後每月只開放一次，對山梨縣的愛書人來說，其存在還是有特別意義的。這次唯一的遺憾是無法再次吃到那招牌咖哩。我在開往東京的電車上眺望著窗外的樹林，心中靜靜地發誓：「吃完他們做的咖哩之後跑廁所實在太失禮，下次來非得重新挑戰不可，一定要證明我拉肚子的原因不是那盤咖哩……。」

1 店裡大部分的書來自早尾先生和小河原女士自己的藏書，那些書在某種程度上，代表了他們倆的思想世界。

2 有志舍是我很喜歡的獨立出版社。

3

3 身爲學者，早尾先生充分利用自己擁有的人脈資源，策劃許多讓學者與一般市民能夠彼此交流的活動。

店主小河原律香（Rika OGAWARA）女士
早尾貴紀（Takanori HAYAO）先生

書與咖啡 CAPYBARA（本と珈琲 カピバラ）

地址 | 山梨縣甲府市大手 2-3-12
電話 | 070-6615-2989
營業時間 | 不定期店休，以每月公布之營業日為準
經營書種 | 二手書、獨立出版社出的新書
開業年分 | 二〇一七年

臉書 | https://www.facebook.com/bookcafe.capybara
推特 | https://twitter.com/book_capybara

導航資訊

造訪紀錄

二〇一七年七月
第一次拜訪

二〇一八年一月
參加講座，進行採訪

完稿日期

二〇一八年六月

完成初稿

水中書店（すいちゅうしょてん）

日本的所有舊書店當中爲「做書架」所花的時間最多的一定是我們

店名小故事

為書店起名之際，因為希望小朋友也來書店逛一逛，店主今野先生認為，店名應該要簡單，且不應使用外來語，應以漢字來組成。他按這兩個條件想來想去，腦海中突然冒出「水中」兩個字。後來他在經營書店的過程中，慢慢發現許多自己喜歡的電影和書裡，有不少與水相關的意象。店名與他的思想之間，由此形成了一種連結。

水中書店所在的三鷹站北面一帶屬於住宅區，過去十幾年間一直是書店的眞空地帶。

"我希望自己的書店能夠給那些像我一樣溝通能力低、心情陰沉的人帶來一種安全感"

二〇一五年二月某日，我爲了在臺灣《聯合文學》雜誌二〇一五年四月號「東京」專題上寫一篇文章，採訪了一位舊書店店主。那篇文章的標題爲〈中央線古本屋新星誕生！專訪東京水中書店店主今野眞〉。那晚我和今野先生約在西荻窪一間連鎖餐廳。我還記得大約一個半小時的訪談中自己向他提出了這樣的一個問題：「現在積極辦講座、課程、讀書會的獨立書店很多，但水中書店基本上不辦任何活動，有沒有什麼特別的理由？」他就回答說：「我以前作爲客人逛書店的時候，或許由於自己性格的問題，很少跟店主交成朋友或參加書店裡的活動。儘管如此，我只要把自己放在那個有書的空間裡，心情就會放鬆下來。我想有的客人身在常辦活動、人與人之間的互動很多的書店裡，偶爾會感到不自在或不舒服。我希望自己的書店能夠給那些像我一樣溝通能力低、心情陰沉的人帶來一種安全感。這是我在店裡不辦活動的理由之一。」我作爲一個同樣溝通能力低、很容易憂鬱的人，聽到這些話心裡產生了強烈的共鳴，而忍不住心中悄悄發誓：「水中書店就是爲像我這樣的人而存在的書店，我得一輩子支持它。」從那一次訪談以來，我開始至少每個星期一次在下班的路上順便逛水中書店，今野先生在我心目中成爲最敬佩、最喜歡的書店店主之一。

水中書店二〇一四年一月誕生於從JR中央線三鷹站北口走路不到五分鐘就可達的住宅區裡。我從小在三鷹站北邊的武藏野市長大，記得小時候從三鷹站回家的路上常經過一些小舊書店以及家族經營式的社區新書店，現在它們差不多都消失無蹤。從三鷹站往東走，下一站就是吉祥寺站。吉祥寺算是觀光地，每周末在那邊逛街的人很多，附近有井之頭公園和吉卜力美術館等景點。書店集中於人流較多的地方是自然法則，目前有超過十家以上的新舊書店在吉祥寺站周圍營業。與此相比，這十幾年的時間裡三鷹站北面一直算是書店空白區，關於這個事實，我已經沒有什麼特別的感受。我覺得沒辦法——這裡是住宅區，而不是什麼商業區，缺乏一家書店得以生存的基本條件。我以這種淡然的態度看待三鷹，而早就以爲這裡不會有新的書店。正因爲如此二〇一四年水中書店誕生的消息使我相當驚訝。我對自己所生活的社區裡出現書店的事實感到開心的同時，又很想知道敢於在這裡開書店的老闆到底是一個什麼樣的人。

”水中書店的詩歌區很大，橫寬五公尺以上、高度一百八十公分左右的兩排書架的大部分空間被詩集、短歌集、俳句集塞滿，新書區裡，也陳列著關於詩歌的各種同人誌“

水中書店與那些店內到處高高堆著書、書架之間的空間相當狹窄的傳統舊書店不同，店內一點也不雜亂，書架之間的空間也很寬裕，就算兩個客人背對背站在書架之間，也一定不會感到擠。店裡除了色情和數理以外什麼類型的書都有，女性主義、旅遊、兒童、隨筆、小說、漫畫、次文化、社會科學、歷史、哲學、詩歌、電影、戲劇、攝影等，從豐富廣泛的書種可以看出，水中書店是爲社區裡的所有人而存在的書店。上一次訪談的時候，今野先生說過：「與其說想賣自己喜歡的書，不如說盡量陳列廣泛的書種以便吸引不同年齡，有不同興趣的讀者。不管你是什麼樣的人，來到這裡總能找到想要的書，我想打造那樣的空間。」水中書店基本上平等對待所有類型的書，但只要仔細觀察店內，就會感覺到今野先生尤其對詩歌抱有深厚的關愛。與一般的舊書店比起來，水中書店的詩歌區很大，橫寬五公尺以上、高度一百八十公分左右的兩排書架的大部分空間被詩集、短歌集、俳句集塞滿，新書區裡，也陳列著關於詩歌的各種同人誌。之前根本不接觸詩歌的我，也因爲認識水中書店和今野先生的緣故，而開始看詩集，喜歡上北村太郎、永瀨清子等他推薦過的詩人。只要今野先生在推特上談及某一本書，我就覺得自己也要看那本書。我就這樣在某種意義上將今野先生看成自己的閱讀導師，久而久之，對他產生了一種戀愛般的感情。兩、三年前的某一晚，我如常在回家的路上順便到水中書店買書，結完帳，今野先生用平淡的語氣說：「我結婚了。」我裝做若無其事的樣子而回說：「噢，是嗎。」但實話講，那句話進入我耳朵裡的那瞬間，我的心澈底破裂了。

”今野先生有一段時間關閉水中書店的推特和臉書帳號。他現在很少參加外面的古書市，也不做網賣，完全靠店內販賣書來維持營業“

這個書店書寫計畫剛起步之時，我抱有比較大的企圖，就是想要介紹一些很有個性、很活躍的獨立書店，但開始執筆後才開始深刻自覺到，我的寫作速度極其緩慢，有時候花五、六個月的時間才寫完一篇一萬字左右的文章，再說即使我投入這麼多的時間和精力而寫，最後寫出來的東西實在不怎麼樣。面對如此殘酷的現實，當初舉起的理想就逐漸萎縮，大概寫完兩、三篇文章之後，我醒悟了自己能力的不足，而對自己說：「算了。我寫書店，今後不用太過在意它是否有能夠吸引人的個性。就算是看起來很普通，只要它在我心目中占重要的位置，還是試一試介紹它，用自己的話語誠心講述它的魅力就好了。」一旦決定用這樣的標準來進行寫作，那就更不能漏掉水中書店。因爲水中書店就是我最喜歡，對自己的閱讀生活影響最大的書店。

我最初的目標是用十篇文章來介紹十家書店。我用蝸牛般的速度進行採訪和寫作，過程中邊寫邊對自己說：「若能寫完九篇文章，最後一篇，我一定要寫水中書店。」二〇一八年六月，我把第九篇文章寄給編輯。我知道寫完第一稿和眞正要發表之間還有很遙遠的距離，但就算如此，我當時還是鬆了一口氣，覺得現在終於可以聯絡水中書店。

二〇一八年七月二十四日的晚上，我緊緊張張地走進水中書店，爲的是要問今野先生能否接受採訪。今野先生有一段時間關閉水中書店的推特和臉書帳號。他現在很少參加外面的古書市，也不做網賣，完全靠店內販賣書來維持營業。水中書店在社區裡如此低調地生存著，我一直有點擔心，向店主刨根問底地打聽是否有點失禮？我挑完書後戰戰兢兢地走近櫃檯，拖泥帶水地問今野先生：「我正在寫書……要寫十家書店……已經寫完九家書店……最後一家……我想寫水中書店……所以……我想問一下……像三年前一樣……我們可不可再一次談談？」他一秒內爽朗回答：「當然沒問題啊。其實開店以來你一直觀察水中書店，我也想聽聽你對水中書店有什麼樣的看法呢。」這句話不僅讓我緊張的情緒緩和下來，也使得我好開心。我鬆了一口氣，帶著愉快的心情，跳著走回家。

”他心裡萌生一個願望，就是未來若有機會開自己的書店，應該重視性別書，並盡量打造一個性別平等的工作環境“

二〇一八年八月二十四日，我在三鷹站南口的連鎖餐廳裡，等待今野先生。我大概提早一個小時到，有點緊張，不斷把採訪提綱改來改去，上了兩次廁所。晚上九點半，剛剛收完店的今野先生走進來，我看到他的身影，就向他輕輕揮手，打個招呼。他發現我，臉上顯露微笑走過來。我們面對面坐著，他先點了一杯飲料，我就結結巴巴地開口。這是二〇一五年三月以來我們的再次訪談。

自二〇一四年一月我無數次拜訪過水中書店，親眼目睹了這四年間店裡發生的種種變化。譬如：現在設有一排書架，上面專門陳列關於性別議題、女性主義的書，這小小的性別書區是比較近期有的，以前店裡沒有這麼多與此相關的書。我站在那一排書架前，就自然想起兩、三年前加入水中書店的一位正職店員，聽說她是今野先生大學時代的學妹，今年還二十幾歲。我發現他們倆一起在店裡的時候總是聊很多話。他們一邊工作，一邊輕輕鬆鬆、無拘無束地聊。他們倆之間，我完全感覺不到老闆和員工之間常有的那種嚴肅氣氛。我有時候在店裡裝做認眞挑書，但其實偷偷聆聽他們倆之間的對話，覺得他們的關係像兄弟姐妹一樣自然自在，而忍不住吃一點點她的醋，心想：「你在人家面前表現對今野先生那麼親近的模樣。太過分了吧！」啊，我不小心就很快離題，廢話應該少說吧。總之，我猜想，店裡的性別書增多，帶來變化的主導力量是不是她的存在？

今野先生告訴我，她對女性主義感興趣，這確實是相關書籍增多的原因之一，但也有其他原因。

今野先生之前在舊書店作爲店員工作時，親眼看過日本舊書行業裡所存在的男女不平等、男女之間的非對稱性。這經驗促使他心裡萌芽一個願望，就是未來若有機會開自己的書店，應該重視性別書，並盡量打造一個性別平等的工作環境。

作爲一間舊書店，增多某一種類型的書，眞正做起來其實並不容易。舊書店的主要進書管道是從客人收書，收到性別書的機會就相當有限。於是今野先生和她首先在古書拍賣市場買下一套上野千鶴子的書，然後將它們排列在女性作家書區的旁邊。這麼做之後，性別書的收書量隨之增多，而逐漸形成了現有的性別書區。今野先生認爲，性別書的收書量增多的起因之一就是那一套上野千鶴子的書。上野千鶴子在日本社會裡就是一個女性主義、性別議題的象徵。不難想像，有些客人在店裡發現那些她的著作就心想：「嗯？這間書店重視性別議題，那下次就從家裡帶來一些相關書吧。」今野先生說：「性別不平等的問題在我和她的關係裡面也偶爾浮現上來，譬如我輕率說的一句話實際上深深地傷害她的心。我偶爾無意間用自己的言行加強日本社會中所存在的男女不平等結構。這是事實。正因爲如此，我覺得應該將性別不平等的問題當做自己的問題，並把這種意識反映在自己的工作上面。」

”一個資深書店員充分發揮自己對書的知識，精選書、並把那些選好的書以自己認為恰當的方式與順序陳列在書架上，這整個過程被稱為「做書架」“

今野先生和她在店裡聊天，我看得最多的場面是，他們倆站在書架前，討論把哪些書擺在書架上的哪個位置。今野先生自己也偶爾透過推特上做最新的進貨報告，並說對店裡的某部分書區重新進行了整理，呼籲大家來店裡看一看書架上發生的變化。關於日本書店的討論當中，有一個常出現的詞彙叫做「棚作り」，其直譯爲「做書架」，聽起來意味著做木工而親手製作書架，但不然。爲「做書架」給出一個恰當的定義有點難。我暫時只能勉強把其意思形容爲：「一個資深書店員充分發揮自己對書的知識，精選書、並把那些選好的書以自己認爲恰當的方式與順序陳列在書架上，這整個過程被稱爲『做書架』。」

在日本「做書架」有時候被視爲書店員的一門藝術，有些人甚至把書架看成書店員呈現自己對書的知識和品味的平臺。那麼在某種意義上也許可以將書店員「做」的書架形容爲他們的作品。其他國家的書店員也一定每天爲如何選書和排書傷腦筋。不過我印象中臺灣、中國或韓國的書店員很少提及類似於「做書架」概念。關於「做書架」的論述這麼普遍，可能是日本書店界的特點之一。至於在日本以其獨特的「做書架」而出名的書店，我腦海中首先出現往來堂書店的名字。這家位於東京文京區的書店，不同領域的書被陳列在同一排書架上，店裡有些地方，單行本和文庫本肩並肩被放在一起，但一點也不混亂。客人只要仔細看一下，就能夠發現在那些類型和版型大不相同的書之間所存在的連結。大家將往來堂書店所實踐的這種選書、排書方式稱爲「文脈棚」。

寫到此，我就想要對每天長時間站在書架前「做書架」的今野先生提出一個疑問：一家新書店致力於「做書架」是容易想像的，因爲新書店的店員若想要打造某一個主題的書區，特地訂一些圍繞其主題的書就好了。不過舊書店無法用同樣方式「做書架」，因爲它的主要進貨管道是從客人收書，不可能像新書店那樣想要什麼書就訂什麼書，可見舊書店在選書上所擁有的自由度有限。那麼我很好奇，水中書店在這樣的前提下所實踐的「做書架」具體是什麼呢？

他述說：「一個了不起的書店員僅依靠自己的知識選書、排書。這樣打造出來的書架，上面的書可能走不出那個人的知識框架，我有點擔心自己的書店也會變成如此。」我們通常很單純地想，一位書店員對書的知識越深厚，他所營造的空間越有內涵，越有吸引力，但今野先生並不完全同意如此的看法。他接著說：「如果按照自己的標準在書架上只陳列很小衆的書，對那些通常看書看得不多的人來說，其書架就成爲牆壁般的存在，使得他們覺得水中書店是難以親近的書店。所以呢，我個人認爲，作爲一家舊書店，允許自己在選書和排書的過程中有小小的誤會，適當地犯錯很重要。」在「做書架」上犯適當的錯誤是什麼意思？今野先生以村上春樹的著作爲例如下回答。

”與其說腦子裡有一套既堅實又很酷的「做書架」理論，不如說我一直在思考為了讓店裡每一個書區對客人更親切一點，更適當一點，而不斷攪拌書架上的書“

「舉例說，村上春樹的書，通常在小說的書區，但我偶爾特意把他的散文陳列在植草甚一和小林信彥的著作旁邊。植草甚一和小林信彥的名字，很多人沒有聽過吧。我想大部分讀者就算對那兩位作家一無所知，但至少還是聽過村上春樹的名字。從純分類的角度來講，把這三位作家的書放在同一個位置是錯的。不過這樣在陌生作家的書當中插進一家喻戶曉的名字，就說不定能夠促使更多客人注意到其書區的書。」

他又說：「與其說腦子裡有一套既堅實又很酷的『做書架』理論，不如說我一直在思考爲了讓店裡每一個書區對客人更親切一點，更適當一點，而不斷攪拌書架上的書。」

我們通常都認爲，由很厲害的書店員精心選書，店裡的每一本都是好書，不符合他標準的書則連一本也不存在，這樣的書店就是好書店，但可見今野先生很明顯地對這種好書店的想像保持距離。書的選擇、組合、排列順序都有無限的可能，「做書架」裡根本不存在唯一的正確答案。難怪他每天要花那麼多的時間和精力「做書架」。

我看到今野先生拒絕輕易分開好書和爛書的態度，就開始妄想：「他對好書的標準超越簡單的二元論，這樣的書店老闆應該能理解像我這種有很多缺陷，適應社會主流價値觀有所困難的人吧！」我知道自己想太多，但還是忍不住把今野先生視爲如此。

我一廂情願地覺得自己和他在思想上的距離很近。不過說到這裡，新的疑問在腦海中又蹦出來。

”現在大部分舊書店，銷售額當中網賣所占的比例不斷增長，而實體店裡賣書的比例越來越低。這種情況使得「做書架」在舊書行業上的重要性更加下降，久而久之實體店鋪作為與客人當面交易的場所失去作用，而只保持收書窗口的功能“

今野先生之於「做書架」，能夠很清楚的表達自己的想法，但除了他以外，我好像幾乎沒有聽過日本任何一家舊書店老闆解說在店裡以什麼樣的方式實踐「做書架」。在我看來日本大部分舊書店老闆似乎根本不重視此事。這是爲什麼呢？

今野先生述說：「坦白講，我自己逛其他舊書店的時候，很少在『做書架』的層面上被打動。」根據他的分析，現在大部分舊書店，銷售額當中網賣所占的比例不斷增長，而實體店裡賣書的比例越來越低。這種情況使得「做書架」在舊書行業上的重要性更加下降，久而久之實體店鋪作爲與客人當面交易的場所失去作用，而只保持收書窗口的功能。反正大部分客人都透過網路訂書，那麼幹嘛要花那麼多力氣去把實體店面弄得很有吸引力？無論有意或無意，很多舊書店老闆就開始這麼認爲，隨之覺得沒必要認眞思考針對親自來訪的客人如何展現在店裡販賣的書。

水中書店與其他大部分舊書店不同，不做網賣。因此對水中書店來說，實體店面是它所擁有的唯一平臺，是它的一切。今野先生在這樣的條件下就精心思考如何布置、陳列店裡的書，打造具有吸引力的實體購書空間，以便使得客人想要親自造訪。今野先生說：「我們每天長時間站在書架前摸著頭沉思把哪一些書放在哪個位置等等，日本的所有舊書店當中爲『做書架』所花的時間最多的一定是我們，最近越來越對此感到驕傲了。」

書越來越不好賣的現況下，對很多舊書店來說，網路上賣書就變成重要的收入來源。那麼水中書店爲什麼偏偏不要跟隨這趨勢，而選擇只在實體店面賣書呢？今野先生說：「將『不做網賣』作爲水中書店的基本理念，對此有較明確的理由。」在日本最大的網路書店是亞馬遜，實體書店想要生存的話，就自然得跟它比書的價錢和寄書的速度。盡快把書寄給客人是應該的，但在這方面所付出的努力能夠提升實體書店生存的機率嗎？今野先生對此抱有懷疑：「我總覺得，跟人家比寄書的速度是沒有意義的。要看完一本書總得花不少時間。我認爲，書這種東西，本質上跟速度不太相合。大家在網路上指出現在書越來越不好賣，宣傳實體書店的重要性，卻同時在網路上拚命賣書。我眼看著這種現象，就不禁自問，如此的態度作爲實體書店是否誠實？我聽說，角川書店出版社打算遷移辦公樓的一部分，在埼玉縣所澤市內開設新的印刷廠，提供以一本爲起印條件的隨需印刷（POD）服務。」今野先生在此所提的隨需印刷服務是什麼呢？實際內容和運作模式大概是這樣的：有些書，角川書店基本上不留庫存，收到客人的訂單後才開始印刷，裝訂。從收訂單至把書寄到客人家裡，這整個過程可以在四十八小時以內完成。也沒有訂書量方面的要求，只訂一本也沒問題。角川書店社長認爲這樣做就能夠縮減退書率，給日本書業帶來正面的影響。不過今野先生卻說：「在我看來，開始這種事業的意義不大。我終究認爲，書可以繼續作爲一種流通速度比較慢，到手有一點點不便的東西而存在下去。」

日本的實體書店，爲了在網路興起後的書市環境裡得以生存，做出各式各樣的新嘗試，其中一個就是上面提到的經營網路書店。爲客人的方便而想是必須的，但如果日本所有舊書店，將「方便」視爲最重要的標準，爲了用更快的速度把書送給客人，而開始在網路上賣書，此變化對實體書店的存活是否有幫助？今野先生認爲，若我們眞正希望日本的實體書店生存下去，必須認眞思考的不是如何在「方便」上跟亞馬遜競爭，而是如何打造更有吸引力的實體購書空間，給大家提供網路書店無法提供的體驗。他述說：「雖說水中書店是舊書店，但我同時也想支持新書店。如果希望新書店在未來的世界裡繼續存在，我們就得保護並繼承人家親自走進實體書店買書的文化和習慣本身。爲實現這目標我唯一能做的，簡單來講，就是努力打造一家有魅力，讓人覺得值得親自拜訪的書店。」可見他不是只爲了自己的生活而從事賣舊書的行業，而是站在如何維持利於實體書店生存的環境的立場，一直思考作爲一家舊書店到底能做什麼。他眞的是很誠實，倫理感很高的一位書人。

不少人只要略認識今野先生不做網賣的理由，以及藏於背後的理念，心中應該會有一些共鳴。不過大家都知道，堅持不做網賣在這個時代裡絕不是輕鬆的路。其實不少今野先生所敬佩的前輩們，最近也紛紛開始在網上賣書。他對此既表達微微的難過又無奈地說：「您知道嗎？荻窪的Sasama書店（ささま書店，已於二〇二〇年歇業）即將開始網賣。我聽到此消息，眞的傷心欲絕。但現在確實書很難賣，所以我不能責備他們的決定。」他在這種很孤絕的情況下會不會有自己也在網路開始賣書的念頭呢？他以低調卻堅定的語氣說：「在中央線沿線的舊書店當中，現在還不做網賣的差不多只有我吧。其實我對此保有自豪感，甚至感到驕傲。」

”《從水中書店出發　三鷹散步地圖》在水中書店邁向「扎根於社區脈絡的書店」的路途中確實發揮了正面的作用“

水中書店只在店裡賣書，就意味著如果親自來訪的客人減少，水中書店就很快面臨存亡危機。那麼，今野先生最重要的任務就是想辦法使得客人繼續來水中書店。他以水中書店爲平臺所做的一切嘗試都圍繞在如何達成這個目標。二〇一七年十二月今野先生製作了一份小冊子名爲《從水中書店出發　三鷹散步地圖》（水中書店から出かける　三鷹まち歩きマップ），以漫畫的形式介紹位於三鷹站一帶的三家特色小店，分別爲咖啡店TEOREMA CAFE、繪本和兒童書主題書店蓬Books、以及以「精心提供不裝模作樣的好飯菜」爲核心理念的家庭料理餐廳Little Star Restaurant。文章由今野先生跟一位將來想要開舊書店的年輕朋友一起撰寫，插畫家Corsica先生做整體設計，畫插圖。

今野先生回想當時決定製作這份小冊子時的心情而說：「我有一種危機感，就是銷售額若繼續停留在現在的水準，水中書店的存亡就變成很現實的問題。我在思考如何促使大家來店裡的時候，聽說其實那些從三鷹以外的地區過來的客人，他們大部分都從三鷹站直接來水中書店，買完書不繞到別處就搭上電車離開。我覺得難得來一趟三鷹，只到水中書店來實在有點可惜。以我個人經驗來講，我去某個地方逛書店，此地若有另外一家自己喜歡的店，在那個地方散散步的樂趣就大大提升。於是我用一份小冊子來跟大家介紹，逛完水中書店之後，附近有哪一些小店可以順便拜訪一下。可能因為像水中書店這樣的小店自己介紹社區的刊物還不多，發刊後受到好評，不少人跟我說這是很有趣的嘗試，使我覺得自己為此所付出的努力很值得。」

四年前今野先生跟我說「想成為扎根於社區脈絡的書店」。坦白講，我還在自問，什麼樣的書店才會有資格被稱之為扎根於社區脈絡的書店？今野先生自己也可能還在摸索其定義吧。不過我現在至少可以說，《從水中書店出發 三鷹散步地圖》在水中書店邁向「扎根於社區脈絡的書店」的路途中確實發揮了正面的作用，也就是說，它不僅幫大家認識三鷹的特色小店，也在一定程度上加強了水中書店和那些小店之間的連結。我預想這種實踐只要持續累積，在三鷹這個社區裡由個人小店組成的共同體將會慢慢形成。

今野先生透露正在製作《三鷹散步地圖》的第二期，這次打算介紹一些三鷹站附近的特色居酒屋。我好期待到時候能夠拿著那張地圖拜訪那些居酒屋，喝完後，醉得腳步踉踉蹌蹌地走進水中書店尋寶。

”購書日記的有趣之處是，它呈現人在實體書店買書的時候所做的思考和行動。透過它就可以向大家傳達在實體書店買書的樂趣“

無論是什麼樣的書店，現在充分利用臉書、推特等社交網路工具來做宣傳至關重要。二〇一四年水中書店開業以來，今野先生也在推特上頻繁貼文，積極介紹新到的舊書，同時寫一寫生活上的點點滴滴，談談最近看什麼書，看什麼電影等等。不過二〇一七年三月，他突然關掉水中書店的官方推特和臉書帳號，從社交網路的世界裡退出。二〇一七年五月三日他在部落格上發表一篇文章，寫道：「三月末，我停止使用推特。我認爲這是經過愼重考慮後做出的決定。至於爲何我決定不用推特，等自己的思路更成熟以後，再寫一篇文章來解釋吧。」結果他後來在部落格上再也沒有提到此事。現在他回顧當時的心境，說：「簡單來講，想要試一試做不用任何社交網路工具的書店，這樣的欲望膨脹到我無法抑制的地步吧。」我們沒有進一步討論書店經營和社交網路工具之間的關係。我只是還記得，我看到今野先生關掉推特帳號的消息時，就直覺地想：「這符合今野先生一路以來維持的態度。」我不能用邏輯來解釋爲什麼當時如此想，我暫時只能粗糙地說：「以我看來，無論是買書、賣書還是看書，今野先生在關於書的所有環節裡想要盡可能回到原點，這種渴望一直在他身體裡咕嘟咕嘟地滾著。」我只要這麼想，就覺得今野先生停止用社交網路工具的選擇一點也不離譜，也不奇怪。

有點意外的是，二〇一八年初今野先生突然重現在推特上。他對此解釋說：「一年的時間不用社交網路平臺之後，深切地感受到失去宣傳工具所造成的不便。大家都有自己的理念，但有時候爲了守護其中最重要的一個理念，可以放棄另外一個理念。對我來說，無論如何堅持到最後的就是不想在網路上賣書。一旦以此爲目標，我就覺得，能夠利用的資源都應該好好利用，我就這樣決定重新開始使用推特。」

我看到水中書店隔了一年後在推特上開始發言，自己第一個反應就是感到開心，第二個反應則是希望今野先生繼續更新部落格。水中書店從推特上消失期間，今野先生在水中書店的部落格裡寫了一些「購書日記」，內容很簡單，用淡淡的語調講述某月某日，去哪一家書店，買了哪一本書等等。他不只寫書的內容，也談在實體書店買書的過程本身。不知道爲什麼，那些文章總給我耐人尋味的讀後感。我向今野先生提到這一點，他就說：「寫部落格確實有點麻煩，但我妻子勸我持續寫。她說，購書日記的有趣之處是，它呈現人在實體書店買書的時候所做的思考和行動。透過它就可以向大家傳達實體書店買書的樂趣，同時可以讓大家知道在實體書店買書原來是多麼好玩的事情。譬如去某某書店，本來想要買某一本書，但找不到它，於是買了在店裡偶然找到的另外一本書，回家後翻開此書，竟然覺得非常好看。在網路書店訂書，我們就享受不了這種驚喜。」

”你們書店裡有沒有工讀生？若能夠讓他們的薪水再漲兩百日圓，是不是很好？可是現在連這麼簡單的目標也實現不了“

三鷹跟吉祥寺不同，書店本來很少，水中書店誕生之前，我印象中大概二十年以上的時間裡，三鷹站北口一帶，連一家舊書店也沒有。大家通常認爲這種地段不太適合開書店。但今野先生還是將三鷹選爲開店的地點。四年前他跟我說過：「前輩們勸告我說，在三鷹經營舊書店很辛苦，但我爲了找房子自己走一走，就開始覺得，我不應該盲信他們的意見。數年前這裡有了大型公寓，人口逐漸增加。周末特意來這附近散散步的氣象正在醞釀中，也有不錯的咖啡店和餐廳。我用客觀的眼光看待三鷹而心想：『這裡若有一家書店是不是更好？』當時我不想依靠三鷹的資源來讓水中書店得以生存，而是希望自己的書店能夠成爲改變三鷹的力量。」他帶著這種期望開始經營書店。那麼到現在已經過了四年的時間，他的心境是否有所變化？他述說：「像水中書店這種不在網路賣書的書店，四年後還沒有倒，僅憑這事實就可以說，三鷹是個很不錯的地方。不過若想要以單純賣書來養活一家人和一位員工，書賣得還不夠多。所以，我必須更加努力。不好意思我只能這麼說。」

我們講述各自在經濟上的困境，而聊到同一本書。書名爲《左派也慢慢開始討論經濟吧》[1]，收錄

1《そろそろ左派は〈経済〉を語ろう——レフト3.0の政治経済学》，ブレイディ・みかこ、松尾匡、北田曉大著，亜紀書房出版，二〇一八

長年在英國生活的托兒所職員兼作家美佳子・布雷迪、經濟學家松尾匡以及社會學家北田曉大之間的對談。他們協力出書的主要目的，粗略來講，是用批評的眼光分析日本左派陣營間相當流行的，所謂去經濟成長論和財經緊縮政策，呼籲大家開始從另外一個角度關心日本的經濟問題。此書帶給我們倆的衝擊不少。我們自己的思想也或多或少受到那些去經濟成長論的影響，總覺得日本經濟已經達到了巔峰水準，不可能再成長下去，所以我們只能在整個日本經濟繼續往下跌的前提下，盡量抑制自己對生活的種種要求，過著知足清貧的人生。從這一點可以看出，此書是以我們這樣的讀者爲對象而寫的。他們三位在書中提起的很多觀點使得我們重新檢討自己對經濟的看法和態度。

今野先生指出，水中書店與其他一般舊書店的不同之處之一，是客群的平均年齡層偏低。買書量最多的是二十歲至四十歲左右的男性，其次是同年齡層的女性，排在最後的則是年紀更大的爺爺奶奶們。這情況難免使得他對年輕人產生好感，而相對地，對奶奶爺爺們持有較負面的印象，《左派也慢慢開始討論經濟吧》改變了他那種想法。他說：「現在覺得，之所以年紀高的客人比較少買書，不是因爲他們吝嗇或不喜歡看書，而很可能是他們到四十歲之後，孩子的大學學費等家庭裡的開銷越來越多，就眞的無法爲買書付很多錢。反過來說，年輕人對買書相對積極，也有可能不是因爲他們有錢或比年紀大的人更喜歡閱讀，而他們或許只是還沒有開始認眞思考將來怎麼辦。如此看來，我若眞的希望水中書店的業績變好，那除了自己繼續努力以外，也不能避免認眞看待整個日本經濟的問題。」

我明白今野先生的意思，但還是覺得，日本一九六〇年代至一九八〇年代所享受的經濟繁榮是各種特殊因素造就的。那是難以複製的經驗。於是我忍不住向他表達疑問：「現在的情況下我們要求更多是否合理？」今野先生看著我的眼睛慢慢說：「假設過去的經濟狀態爲一百，其數字目前下降到二十的話，我當然不敢說我們要回到一百的時代，也不會說我要發財，但還是希望它恢復到三十或四十左右的水準。你們書店裡有沒有工讀生？若能夠讓他們的薪水再漲兩百日圓，是不是很好？可是現在連這麼簡單的目標也實現不了，那我非得說現在我們的社會不夠寬裕。我希望自己能夠每年兩次給自己的員工分別發十萬日圓獎金，但目前爲止只能如此想像，現實裡沒辦法給她十萬日圓的獎金。我對此確實慚愧不已。所以呢，我現在將讓她的時薪每年漲一百日圓設定爲目標，並鼓勵自己更加努力。」我聽他這麼說就有點尷尬。雖說我自己也在書店裡工作，有幾位工讀生，但坦白講，我從來沒有認眞想過他們的處境，只顧著對自己的將來感到灰心而已啊。

”不管什麼題目我都想聊，其實是因為我捨不得結束訪談“

該問的都問完，我們就莫名其妙地聊起跟書店沒有關係的事情。譬如，最近很多韓國文學作品的日譯版陸續出版，於是我們談談最近看過哪些韓國小說，分享各自的讀後心得。除此之外，不知道爲什麼，我們以「韓國流行音樂（K-POP）的魅力之處在哪裡？」、「K-POP和J-POP有什麼不同？」爲主題聊起來，他就給我介紹一些他最近追蹤的K-POP歌手。啊……我們聊到哪裡去？不管什麼題目我都想聊，其實是因爲我捨不得結束訪談。

連K-POP這樣的題目，能講的都講完，我依依不捨地要切掉錄音機。今野先生忽然開口說：「我覺得現在的水中書店眞的很有趣，是一家値得逛一逛的書店。該怎麼說呢？爲了使得它變得更好，我會繼續努力的。請你有空，想換個心情的時候來一下水中書店吧。這四年的時間裡，從剛剛好的距離，一直觀察水中書店的客人，在我認識的人裡面，除了你以外實在想不起其他人呢。

所以，其實我想聽一聽你如何看待水中書店。」

我聽他這麼說，頭腦就變成一片空白，不知道如何回應。我大概沉默了十秒以上後，拖拖拉拉地說：「啊……嗯……怎麼說呢。你的年紀跟我差不多，就是你比我只少一歲，所以呢……」我說到此，又啞口無言，心裡有點慌張，而潦草地說「啊！現在不行了，下次再說吧！」

採訪就這樣結束。現在回想起來，當時我無法好好表達自己對水中書店的看法，實在感到遺憾。我說不出話來，我想其中一個原因是自己對水中書店的感情太深，就無法只用幾句話總結自己的想法。我能夠很自信地說，日本所有書店裡面，我最喜歡水中書店，但若要把理由表達出來，就不知道應該從哪裡說起。

我之所以這麼喜歡水中書店，現在重新想一想，覺得首先是因爲它的位置剛好在我下班的路上，我就有很多機會去店裡看看書，而不知不覺間自己對它慢慢產生某種情感上的連結。這理由一點也不浪漫，但是事實。我想很多愛書人，他們喜歡上某一家書店的過程也大概是這樣吧。

除此之外，我可能因爲在今野先生的身上看到與自己相同的氣質，心中就對他產生了共鳴。就像這篇文章的開頭裡寫的，今野先生在四年前的訪談中說：「希望打造一間，像我這種溝通能力低，心裡總藏著苦悶的人隨意來訪，就感到舒服的書店。」這句話瞬間使得我成爲水中書店的鐵粉。我把今野先生認定爲自己的同類，便決定今後無論發生什麼事，要永遠支持水中書店。其實隔天稍微冷靜下來後我就覺得，自己和今野先生實際上根本不是同類，儘管如此，我還是認爲，若勉強把人的性格分成陰和陽，我們算處於同一邊。我認識某一位書店老闆，並覺得自己和他的性格或氣質有相同之處的時候，就特別想要以買書來表達自己對他的支持。

獨立書店老闆當中讓我覺得與自己有相同之處的人不限於今野先生。那麼我爲什麼尤其喜歡水中書店呢？最後我試一下談談理由，我應該沒辦法寫得很清楚，請見諒。

”那些無名閱讀愛好者才是支撐書店和出版社存活的主導力量“

現在利用亞馬遜就可以快速拿到自己想要的書，大家以社交網路平臺爲媒介積極交流，關於書店的論述中常聽到類似於「透過書催生人與人之間的連結」的口號。以書爲媒介與他者交流，而構築新的人際關係，自己的生活由此變得更豐富多彩，這無疑是值得慶幸的事。但我同時覺得，我們翻開一本書，眞正把自己的意識沉浸於文字間之時，第三者不會加入自己和文字之間的對話。閱讀終究是一個人進行的行爲。

此時此刻，這個世界的每個角落都有獨自安靜看書的人。他們看完一本書，不一定在網路上寫篇文章來表達自己的讀後感想，而默默地翻開另外一本書，就這樣不懈地繼續看書。

我之前在馬來西亞旅遊的時候，認識了一對生活在馬六甲的夫妻，他們都很愛看書，我們一起聊各自喜歡的書和作家，聊得痛快。很明顯他們是資深的文學愛好者，但他們其實很少在網路上分享自己的看書經驗。

有一位我所認識的文學青年，他常常參加一箱古本市擺攤，專門賣詩集。稍微瀏覽一下在他的攤子裡的書，就可以知道他對日本現代詩歌擁有深厚的知識。我自然以爲這樣的人應該在網路上積極發表關於詩歌的文字，但看一下他的推特就發現並非如此。他偶爾貼文，但內容全都是生活上的趣聞趣事，至於書連一個字也不提。若只藉著他在推特上的動態，完全看不出他是一位文學愛好者。只有在一箱古本市之類場合裡親自與他見面，才能夠接觸他熱愛現代詩歌的一面。

還有我在臺灣遇過的一位阿姨。我跟她攀談的時候，沒發覺她是特別喜歡看書的人，但後來有機會拜訪她的家，在屋裡的書架上看到很多書，並在其中看到《人間雜誌》第一期，我想像她三十年前很認眞地翻閱此書的樣子，就忍不住有點感動，而心中感嘆著說：「哇，當時的她竟然是文藝青年。」

我們在書店、咖啡店、電車等空間裡每天看到像他們那樣的普通讀者的身影。我們通常不會知道他們的名字，也不會聽到他們的聲音，但因爲有他們的存在，書店才得以生存。我在水中書店挑書或與今野先生聊天的時候，憑直覺就明白，今野先生眞正相信像上面所提及的那些無名閱讀愛好者才是支撐書店和出版社存活的主導力量，並從心底裡珍惜他們的存在。我想自己對水中書店的愛慕之情和無限信賴來自於這種感受。那麼我去其他書店的時候，就會感到被排斥嗎？嗯，也不是啦……最後我想說，希望大家若有機會來吉祥寺或三鷹，順便拜訪一下水中書店。我每次在水中書店，總會遇到好書。不僅如此，我在店裡慢慢逛一逛的過程中，就發覺自己的心情莫名其妙地輕鬆下來，原來煩躁的情緒也穩定下來。我相信，大家只要喜歡書，就算不懂日文，水中書店至少會帶給你們這種心靈療癒的體驗。

1

2

1 對不做網賣的水中書店來說，這個實體空間是它所擁有的唯一平臺，是它的一切。

2 今野先生說一直在思考，如何讓店裡每一個書區對客人更親切一點，更適當一點。

3

3 水中書店的性別書區。

4《從水中書店出發　三鷹散步地圖》是今野先生爲扎根於社區脈絡而作出的努力之一。

店主今野眞（Makoto KONNO）先生

水中書店（すいちゅうしょてん）

地址｜東京都武藏野市中町 1-23-14-102
電話｜0422-27-7783
營業時間｜周二定休，每日 11：00-21：00
經營書種｜二手書、詩歌、小說、性別、紀事、繪本、電影、攝影、漫畫、獨立出版品
開業年分｜二〇一四年

推特｜https://twitter.com/suichu_shoten
部落格｜http://thefishinwater.blogspot.com

造訪紀錄

二〇一五年三月
第一次採訪

二〇一八年九月
第二次採訪

完稿日期

二〇一八年十一月

完成初稿

附錄

疫情中的日本獨立書店——一名本地書店員的觀察[1]

文／池內佑介

新冠病毒的全球流行對日本社會的各行業造成了巨大傷害。日本書業也不例外。我在本文裡試圖解釋這次疫情對整個日本書市所帶來的影響，並透過介紹東京五家獨立書店在緊急事態宣言期間的經驗，試探討日本的資深書業人士如何度過這前所未有的難關。

〝緊急事態宣言：曖昧的定義〞

自從二〇二〇年一月以來日本國內的感染人數不斷上升，三月末的時候每天的新確診案例已經超過一百人左右。二〇二〇年四月七日，日本政府在大阪、福岡等七座大城市發布緊急事態宣言。

當時的首相安倍晉三在記者會上說：「根據專家的試算，若能夠使得人與人接觸的機會降低百分之八十左右，就可以改變感染人數增多的趨勢。」並呼籲國民盡量不出門。有關緊急事態宣言的法律條文上面寫說：「政府可以要求多數者所利用的設施限制使用或停止營業」，可是「多數者所利用的設施」的範圍很曖昧，讓很多書店店主不知所措。

業主的心聲：如果要求店家休業，請先給我們提供補償金

四月初我去了家裡附近的髮廊，店主一邊幫我洗頭，一邊以充滿著氣憤的語氣說：「不提出任何補償案，卻要求店家停止營業，我完全搞不懂政府到底在想什麼？」我聽到他這麼講就相當驚訝，因爲印象中他從來沒有跟我談過政治。我在心裡想：「連他這樣的人也開始罵政府，看來現在事態很嚴重。」其實他那句話代表日本大部分生意人的心聲。沒有人想要被感染，所以不少書

1 本文原刊載於【Covid 19- 跨界南島評論】，二〇二〇年八月二日發表，網址：https://msnandao.blogspot.com/2020/08。二〇二一年五月增修部分內容。

店店主也為了保護自己和員工的健康，願意主動休業，問題是一旦停止營業，就難以負擔房租、薪水等基本開銷。這種情況下怎麼可能安心休業？正因為如此，當時不少書業人士在推特上用「政府如果要求店家休業，就應該先提供補償」的貼文來表達對政府的不滿。

”東京都的決定：向主動休業的店家提供最多一百萬日圓的協力金“

二〇二〇年四月十日，東京都政府發表緊急事態宣言下的防疫方針，記者會上公開要請求休業的行業和設施，並表示向願意跟政府合作而同意休業的中小企業提供最多一百萬日圓的協力金。這個補償案發揮了一定的效果。四月十日後說要暫停營業的書店店主明顯變多。日本的緊急事態宣言跟其他國家實行的封城措施不同，日本政府沒有強迫店家休業的權力，所以即使有一個店主不聽從政府的請求，而一如既往地營業下去，也不會受到法律的制裁。

”繼續營業就得面對挨罵的風險“

儘管如此，對一個店主來說，做出繼續營業的決定不容易。因爲有些媒體和市民向沒有休業的店家拋出非常嚴厲的眼光。有些市民甚至透過實際行動向那些店家施壓。譬如我聽過一家書店的店主收到一封信，上面寫說：「爲什麼你還在營業？趕快把店關起來。」這種情況下書店店主們該怎麼辦呢？下面我要介紹我家附近（東京都武藏野市）的三家舊書店所做的選擇和它們在緊急事態宣言期間的經歷。

（一）藤子文庫：疫情中創造了開業以來最好的業績

藤子文庫是一家小小的舊書店。其店主鈴木先生按照東京都政府的防疫方針，就決定把實體店鋪關起來。藤子文庫離電車站有一點距離，周圍是安靜的住宅區，所以我想鈴木先生過得很辛苦。不過七月初我拜訪藤子文庫時，他竟然告訴我說：「其實五月在網路上賣書賣得特別好，創造了開業以來最好的業績……。」根據他的推論，可能因爲五月分很多實體書店都在休業，那些平時盡量在實體書店買書的愛書人就不得不向包括藤子文庫在內的網路書店訂書。鈴木先生除了經營藤子文庫以外，還在超市上班。超市是一個在緊急事態宣言中，爲了維持市民的生命線而被政府要求繼續營業的行業。所以整體來講，起碼在經濟方面，這次疫情對鈴木先生沒有造成傷害。這對我來說有點意外。

"（二）MAIN TENT：就算完全失業，也絕不會認輸"

位於武藏野市吉祥寺的二手繪本／兒童書店MAIN TENT跟藤子文庫一樣休業，但店主富樫先生卻因此陷入失業狀態。富樫先生的另外一個身分是職業舞蹈家。疫情之前，他顧店以外的時間在街舞學校當教練，給學員們上課。緊急事態宣言發布後，所有課程都被取消，書店也沒辦法開。他就這樣一瞬間失去了兩份工作。那怎麼辦呢？他要養活自己和家人，也要使得書店生存下去。於是他在推特上宣布要開始一個新計畫，叫做「不認輸，拚命掙扎大作戰」（悪あがき大作戦）。這計畫簡單來講就是一種寄書服務。客人先告訴富樫先生自己的閱讀嗜好和預算，接下來富樫先生施展他對於繪本和兒童書的深厚知識而精選幾本書，然後把它們寄到那位客人的家裡。

我作爲MAIN TENT的熱烈粉絲非得跟他聯絡不可。我的預算是三千日圓，至於書的種類，我只

緊急事態宣言期間，水中書店的繪本與兒童書賣得特別好。

跟他說：「像我這種已過三十的大人也能夠找到樂趣的繪本、兒童書。」三天後我收到了一本繪本、兩本針對兒童的詩集、兩本青年小說。包裹裡面還有一封富樫先生的手寫信，向我細心介紹每一本書的內容和魅力。七月初我隔了半年左右再訪MAIN TENT。富樫先生看我一眼，就和藹親切地我說：「寄書服務開始後，眞的收到很多訂單。那時候我簡直是完全失業。因爲你們支持MAIN TENT，我才有工作可以做，謝謝你。」

(三) 水中書店：繼續營業不需要說明理由

藤子文庫和MAIN TENT都選擇休業，位於武藏野市三鷹站北口附近的水中書店則繼續營業。整體來看，緊急事態宣言期間繼續營業的舊書店在東京還是屬於少數。政府用「營業自肅要請」（要求店家以自我約束的方式決定停止營業）的口號來鼓勵大家休業。這句話從字面的意義來看，好像給店主留下繼續營業的權利，但實際情況卻很微妙。譬如，東京都的一些柏青哥店沒聽從「營業自肅要請」而繼續營業，東京都政府發現這情況就立刻宣布：「若它們不休業，我們打算把它們的店名在官網上公開。」再說就像前面提到的那樣，疫情中一部分過度敏感的市民透過各種方式誹謗沒有休業的店家。有時候他們甚至向警察報告，或直接寄信給店家表達抗議，向店主要求馬上停止營業。那麼水中書店店主今野先生應該經過嚴密的思考後才做了繼續營業的決定，有可能他為此煩惱了很久。值得一提的是，我所知道的範圍內，他在公開場合為自己的決定沒有做任何的說明。即使在緊急事態宣言期間，至少我眼裡今野先生每天什麼都沒有發生似地照常開店、賣書。我喜歡他這種作風和態度。店主有選擇繼續營業的自由，他不應該因為做了與眾不同的選擇而感到壓力，也沒必要向外界解釋不跟隨大多數人的理由。

”緊急事態宣言期間的暢銷書：繪本“

水中書店與其他大部分舊書店不同，沒有網路銷售平臺。只在實體店鋪賣書而不提供線上銷售服務，這是今野先生從創業以來堅持的宗旨。這樣的舊書店在疫情當中最受苦，最需要大家支持。於是四、五月我盡量多去水中書店買書。其中一日我先賣了自己的藏書，再買了俄羅斯作家瓦西里·格羅斯曼的《生活與命運》。結帳時我和今野先生談談各自的近況。我以為緊急事態宣言期間客人來得很少，但今野先生告訴我的實際情況並非如此。他述說：「那個時候兒童書賣得特別好，店裡的繪本差點賣光了。」整個四、五月日本所有小學和中學都停課，很多公司也讓員工在家工作。那些水中書店附近的居民們白天留在家裡，小孩子不用上課，擁有很多自由時間，卻不能出門玩。這種局面可能推動部分家長們來到水中書店尋找可以給自己的小孩在家裡翻閱的繪本和兒童書。不過今野先生也指出，那些通常坐電車過來的常客們確實變少。他們是資深愛書人，購買書的量和價錢都偏高。他們的不存在對整體銷量帶來了一定的影響。「常客們變少，但住宅附近的居民來店裡買書的次數變多，這兩種因素互相打消，使得緊急事態宣言期間的業績跟平時差不多。」這就是今野先生給我的結論。

”CHEKCCORI：透過出版打造韓日市民在疫情中互相學習，合作的契機“

接下來我想談一下東京的兩家新書書店在疫情中的情況。我認為它們在疫情中所做的實踐都具有一定的啟發性。東京神保町的韓文書店CHEKCCORI主要販賣從韓國進口的原文書以及在日本出版的有關朝鮮半島的書。二〇一五年開業以來，它一直非常努力地向日本讀者推廣韓國的書籍，以便促進日本和韓國之間的文化交流，相互理解。這樣的一家書店即使在緊急事態宣言期間無法照常營業，也不可能保持沉默。二〇二〇年五月四日，它以PDF的形式出版了一本韓文書的譯本，書名爲《克服新冠肺炎，韓國・大邱市民們的記錄》[2]。二〇二〇年二月在韓國中部的大邱市發生了大規模集體感染。此書收錄五十一名大邱市民所撰寫的散文。書店店主、餐廳經營者、圖書館員工、學校老師、剛退役的青年、家庭主婦、詩人、作家等具有不同身分的撰寫者以文字記錄他們在疫情中的感受和經驗。這本書一出版就受到日本讀者的好評，於是CHEKCCORI就開始翻譯下一本，又以PDF的形式出版了《與新冠肺炎戰鬥，韓國・大邱的醫療從事者們》[3]。這本書則收錄大邱市醫療界的聲音，是大邱市的三十一名醫療從事者回顧在治療新冠肺炎的最前線奮鬥的日子。CHEKCCORI將危機視爲機會，而以出版來打造韓日市民在疫情中互相學習，合作的契機。

2 《新型コロナウイルスを乗り越えた、韓国・大邱市民たちの記録》，申重鉉編著，CUON編集部譯，クオン出版，二〇二〇

3 《新型コロナウイルスと闘った、韓国・大邱の医療従事者たち》，李載泰編著，CUON編集部譯，クオン出版，二〇二〇

”模索舍：把大家排斥的安倍口罩捐給社會中的弱勢群體“

安倍在二〇二〇年四月一日宣布，爲了緩解口罩嚴重不足的情況，將要向每一戶派發兩個布口罩。這消息一出來就在國內引起了一場激烈的爭論。每一戶只拿到兩個？一個家庭裡有四個人的話怎麼辦？爲什麼不能像臺灣政府一樣向國民反覆提供一定數量的醫療用口罩呢？在我看來大多數日本人對此措施的評價相當低。他們以帶有諷刺的口氣把那兩個布口罩稱爲「安倍口罩」（アベノマスク）。安倍口罩給國民心理帶來的影響不可低估。我個人認爲它是使得安倍內閣支持率大幅度下降的重要因素之一。儘管如此，安倍作爲此措施的提倡者，在幾乎所有公開場合硬著頭皮戴著安倍口罩出面。圍繞他的議員、官僚們卻都沒有戴安倍口罩，畫面實在有點奇怪。大部分國民已經收到兩個安倍口罩了。不過我在外面很少看到戴著它走路的人。坦白講，我自己也不願意戴著它出門。安倍口罩比一般在市面上賣的口罩小很多，其舊式造型實在太顯眼。請看一下在公共場合依然堅持戴它的安倍本人，他的下巴完全露出來。如果我戴著它在外面走一走，路人看我一眼，說不定心裡會想：「哇，那個人竟然敢於戴著讓我覺得受不了的安倍口罩出來，眞勇敢！」不少國民心目中戴著安倍口罩出面似乎已經變成讓人感到丟臉的行爲。

在新宿營業四十年以上的新書書店——模索舍，其共同運營者榎本先生看到大家排斥安倍口罩，而在推特上宣布募集不要的口罩。很多人把自己家裡收到的安倍口罩捐給模索舍。幾個星期後模索舍收集了兩百個左右的口罩，加上有心人帶來的現金和米，榎本先生把其中一半寄給山谷勞動者福祉會館（山谷労働者福祉会館），另外一半則帶到在澀谷的公園裡幫助街友的社工團體。這樣子沒有固定住址，經濟狀況不穩定的勞動者和街友也可以拿到口罩。

模索舍的最大特色之一是販賣《無產階級通信》、《通信 反戰反天皇制勞動者聯盟》[4]等大量社運、政治團體的刊物。選書風格呈現出很濃厚的左派、無政府主義色彩，對底層社會的關懷也一直很強烈。所以我聽到榎本先生收集口罩的消息時，心裡感嘆著說：「不愧是模索舍，這是真正體現其核心精神的行動。」

4 編註：出版資訊載錄於本書一八九頁

”尾聲：疫情之前的生活方式，可能找不回來，但是……“

我在本文裡對東京五家獨立書店在疫情中的經驗進行觀察。過程中我看到的不是它們的脆弱，而是它們在困境中所表現出來的耐性、活力和創意。我同時深切感受到大家在不方便出門的情況下更需要書本的事實。當然，我們不應該輕視疫情對書店的長期影響。五月廿五日政府解除了長達大約兩個月的緊急事態宣言，但最近感染人數又開始爬上去，每一天的全國確診案例現在已經接近一千。二〇二〇年七月廿二日東京都知事小池百合子呼籲大家在連假期間盡量不出門。如果這種情況持續下去，可能會開始出現決定歇業的書店。

目前日本政府強力宣傳所謂「新的生活樣式」，向國民提倡「以新冠病毒存在於社會爲前提」的新的生活模式。不少有識之士也說，世界已經進入了後疫情時代，疫情之前的生活方式，肯定找不回來。他們可能說得對。不過我作爲一名普通老百姓，還是希望在不遠的將來新冠病毒被控制住，而日本所有書店就能夠毫無顧慮地營業、辦活動。至於我自己，還是期待明年可以像從前那樣隨意出國，在臺灣、香港、中國以及新加坡、馬來西亞好好逛書店。也許我太天眞太樂觀，但這是我眞心的願望。

情熱書店 史上最偏心！書店店員的東京獨立書店一手訪談

作者｜池內佑介
封面設計｜吳偉光
內頁設計｜傅文豪
插畫｜王春子
攝影｜池內佑介

總編輯｜劉虹風
責任編輯｜陳安弦
編輯協力｜胡心怡

出版｜小小書房　小寫出版
負責人｜劉虹風
地址｜23441 新北市永和區文化路 192 巷 4 弄 2-1 號 1 樓
電話｜02-2923-1925　傳真｜02-2923-1926
官網｜https://smallbooks.com.tw
https://smallbooklove.wordpress.com/category/小寫出版
電子信箱｜smallbooks.edit@gmail.com

總經銷｜大和書報圖書股份有限公司
地址｜248 新北市新莊區五工五路 2 號
電話｜02-8990-2588　傳真｜02-2299-7900

印刷｜崎威彩藝有限公司
初版｜二〇二一年七月
ISBN｜978-986-97263-0-6
售價｜新臺幣四八〇元整

國家圖書館出版品預行編目 (CIP) 資料

情熱書店：史上最偏心！書店店員的東京獨立書店一手訪談 / 池內佑介著 . -- 初版 . —— 新北市：小小書房，小寫出版，2021.07

面；　公分

ISBN｜978-986-97263-0-6（平裝）

1. 書業　2. 日本

487.631　　110005938